孙扬 陈英武 著

复杂背景下的 红外弱小目标 检测技术研究

清华大学出版社
北京

内 容 简 介

本书面向复杂背景下的红外弱小目标检测跟踪系统的高精度检测需求，针对复杂噪声、高亮杂波、非平滑背景等典型检测场景出现的效率低、虚警高和目标漏检问题，基于低秩稀疏分解重构模型，针对红外图像序列创新设计了时空域张量块处理模型，实现了稳健高效的目标检测和背景杂波抑制，并运用实例验证了其有效性。

本书所设计实现的基于高维张量空间的低秩稀疏分解重构模型的目标检测技术，可以有效学习红外目标和背景杂波的数据特征以及它们之间的区别，从而有效分离两者，可有效解决传统红外目标检测算法对算法参数敏感性的问题，可为红外弱小目标检测技术的进一步发展提供重要参考。

本书适合作为信息与通信工程、计算机科学与技术等专业本科生和研究生的教材，也可作为从事空间信息处理、图像处理领域的科研工作者、工程技术人员的参考书。

本书封面贴有清华大学出版社防伪标签，无标签者不得销售。

版权所有，侵权必究。举报：010-62782989，beiqinquan@tup.tsinghua.edu.cn。

图书在版编目（CIP）数据

复杂背景下的红外弱小目标检测技术研究 / 孙扬，陈英武著. -- 北京：清华大学出版社，2024.12.
ISBN 978-7-302-67806-9

Ⅰ.TN21

中国国家版本馆 CIP 数据核字第 20241T076H 号

责任编辑：陈凯仁
封面设计：刘艳芝
责任校对：欧　洋
责任印制：刘海龙

出版发行：清华大学出版社
网　　址：https://www.tup.com.cn, https://www.wqxuetang.com
地　　址：北京清华大学学研大厦A座　　　　邮　编：100084
社 总 机：010-83470000　　　　　　　　　　邮　购：010-62786544
投稿与读者服务：010-62776969, c-service@tup.tsinghua.edu.cn
质量反馈：010-62772015, zhiliang@tup.tsinghua.edu.cn

印 装 者：大厂回族自治县彩虹印刷有限公司
经　　销：全国新华书店
开　　本：170mm×240mm　　印　张：10　　插　页：11　　字　数：208千字
版　　次：2024年12月第1版　　　　　　　　印　次：2024年12月第1次印刷
定　　价：69.00元

产品编号：108222-01

前言

PREFACE

红外目标检测技术在红外成像、导弹制导、空间态势感知和天基预警等诸多军用领域都发挥了十分重要的作用,数十年来一直受到人们的广泛关注,很多学者研究出了针对不同场景的方法,取得了一定的效果。但是,由于红外探测系统成像距离远、目标周围的背景杂波类型复杂,例如高亮杂波和强边缘干扰,同时在图像传输过程中可能受到复杂噪声的干扰,导致目标在像平面所占像元数目少、图像信噪比低,一些传统方法的检测性能容易受到严重影响,所以复杂背景下的红外弱小目标检测是一个十分具有研究价值的难题。本书针对复杂背景下的红外弱小目标检测技术展开研究,充分分析研究了不同场景下实现高性能目标检测的难点和特点,重点分析探讨了基于数据结构特征的弱小目标检测关键技术,主要工作如下:

(1)提出了基于加权张量核范数的单帧目标检测方法。首先,采用红外图像张量块模型将单帧图像转换为张量形式;其次,利用张量主成分分析理论将原始图像张量分解为低秩背景张量和稀疏目标张量,并采用张量核范数对张量的秩进行估计;再次,采用了自适应的加权方法对低秩张量奇异值分解后得到的奇异值赋予不同的权重,进一步加强了算法对背景干扰的抑制能力;最后,通过仿真实验对所提算法性能进行分析,实验结果验证了所提算法的优越性。

(2)提出了基于时空域信息和加权 Schatten-p 范数的多帧目标检测方法。首先采用基于时空域信息的红外张量块模型将图像序列转化为包含时域和空域信息的张量形式,利用高维张量数据结构的优势同时挖掘数据本身在时域和空域的关联信息;然后针对传统核范数最小化方法和加权核范数最小化方法在低秩重构和奇异值估计时出现的"过度收缩"问题,提出了基于张量空间的加权 Schatten-p 范数对低秩张量进行估计,有效提高了重构精度,能够将背景中的结构更完整地保留在背景分量中,进而提高了目标检测精度,同时该方法利用张量奇异值分解在频域中的重要性质减少了奇异值分解的次数,显著提高了算法效率。

（3）提出了基于时空域信息和总变分正则项的目标检测方法。首先将图像序列转化为时空域红外张量块模型；然后针对其他基于低秩和稀疏重构模型的检测算法性能过度依赖于背景平滑度的缺点，提出了张量空间的总变分正则项，将其引入稀疏和低秩重构模型，对与目标同样具有稀疏性的强边缘和角点进行准确建模，抑制了这类具有稀疏性的杂波在目标图像中的残留；最后，通过仿真实验验证了所提方法能够有效提高非平滑场景下的目标检测能力，降低虚警率。

（4）提出了基于时空域信息和多子空间学习的目标检测方法。该方法首先针对单一子空间模型无法准确描述高亮杂波的问题，提出了基于张量空间的多子空间学习模型；然后采用线性多子空间对背景中可能出现的多个高亮区域进行准确建模；再采用字典学习的方法对低秩背景分量中的多线性子空间结构进行重构；最后通过仿真实验验证了所提方法能够有效提高对高亮杂波干扰的抑制能力，提高目标检测性能。

（5）提出了基于非独立同分布混合高斯（Gaussian）模型和改进通量密度的目标检测方法。考虑到典型方法在建模图像噪声分布时是基于独立高斯加性白噪声的假设条件，但在实际场景中，由于成像距离远，传输过程和探测器件本身的噪声远比独立高斯加性白噪声复杂，导致这些方法在复杂噪声场景下鲁棒性不够。所以，首先分析了红外图像序列帧间噪声分布的特点，采用非独立同分布混合高斯模型对复杂噪声进行准确建模，将目标视为一种具有稀疏性的特殊"噪声"；然后采用改进后的通量密度对目标进行准确检测；最后，通过仿真实验结果验证了所提方法能够有效提高复杂噪声场景下的目标检测能力，进一步提高了方法对噪声的鲁棒性。

本书的研究工作得到国家自然科学基金（项目编号：61605242）、中国博士后科学基金（项目编号：GZC20242267）的资助，在此表示感谢。本书的内容是作者在国防科技大学求学和工作期间完成的，同时在撰写过程中参考了许多文献，本书的完成离不开这些学者的贡献和启发。在此，向所有给予我们指导、帮助与启发的各位老师和学者表示衷心的感谢。同时，由于作者水平有限，本书难免存在谬误与不足之处，欢迎各位专家学者和读者朋友批评指正，提出宝贵意见，我们将不胜感激。

作　者

2024 年 5 月于长沙

目 录

第1章 绪论 1
1.1 研究背景及意义 1
1.2 国内外研究现状及发展动态 4
1.2.1 红外图像预处理技术 5
1.2.2 红外目标检测技术 6
1.3 本书主要工作及内容安排 11

第2章 背景杂波特性分析及理论基础 14
2.1 背景杂波特性分析 14
2.1.1 复杂度评价指标 15
2.1.2 平滑场景 15
2.1.3 非平滑场景 16
2.1.4 高亮杂波干扰场景 17
2.1.5 复杂噪声场景 19
2.2 仿真数据生成方法 20
2.3 评价指标 21
2.4 低秩和稀疏重构恢复 24
2.4.1 预备知识 24
2.4.2 低秩和稀疏重构恢复 31
2.4.3 常用优化方法 33
2.5 本章小结 35

第3章 基于张量主成分分析的目标检测方法 36
3.1 红外图像的低秩和稀疏分解模型 38

　　　　3.1.1　IPI 模型　　　　　　　　　　　　　　　　　　　　　38
　　　　3.1.2　IPT 模型　　　　　　　　　　　　　　　　　　　　　39
　3.2　WNRIPT 方法　　　　　　　　　　　　　　　　　　　　　　41
　　　　3.2.1　加权核范数　　　　　　　　　　　　　　　　　　　　41
　　　　3.2.2　WNRIPT 模型的建立与求解　　　　　　　　　　　　　42
　　　　3.2.3　实验与结果分析　　　　　　　　　　　　　　　　　　46
　3.3　WSNM-STIPT 目标检测方法　　　　　　　　　　　　　　　　57
　　　　3.3.1　STIPT 模型　　　　　　　　　　　　　　　　　　　　57
　　　　3.3.2　WSNM 方法　　　　　　　　　　　　　　　　　　　　59
　　　　3.3.3　WSNM-STIPT 的建立与求解　　　　　　　　　　　　　59
　　　　3.3.4　实验与结果分析　　　　　　　　　　　　　　　　　　63
　3.4　本章小结　　　　　　　　　　　　　　　　　　　　　　　　　75

第 4 章　基于时空域信息和总变分正则项的目标检测方法　　　　76

　4.1　总变分正则项　　　　　　　　　　　　　　　　　　　　　　　77
　4.2　TV-STIPT 模型的建立与求解　　　　　　　　　　　　　　　　78
　　　　4.2.1　模型的建立　　　　　　　　　　　　　　　　　　　　78
　　　　4.2.2　模型求解　　　　　　　　　　　　　　　　　　　　　79
　　　　4.2.3　复杂度分析　　　　　　　　　　　　　　　　　　　　83
　4.3　实验与结果分析　　　　　　　　　　　　　　　　　　　　　　84
　　　　4.3.1　实验数据　　　　　　　　　　　　　　　　　　　　　84
　　　　4.3.2　参数设置　　　　　　　　　　　　　　　　　　　　　84
　　　　4.3.3　对比方法　　　　　　　　　　　　　　　　　　　　　85
　　　　4.3.4　TV-STIPT 方法的有效性验证　　　　　　　　　　　　85
　　　　4.3.5　参数影响分析　　　　　　　　　　　　　　　　　　　85
　　　　4.3.6　对比实验　　　　　　　　　　　　　　　　　　　　　87
　　　　4.3.7　算法收敛性分析　　　　　　　　　　　　　　　　　　93
　　　　4.3.8　运行时间对比　　　　　　　　　　　　　　　　　　　93
　4.4　本章小结　　　　　　　　　　　　　　　　　　　　　　　　　94

第 5 章　基于时空域信息和多子空间学习的目标检测方法　　　　95

　5.1　MSL 理论　　　　　　　　　　　　　　　　　　　　　　　　96
　5.2　MSLSTIPT 模型的建立与求解　　　　　　　　　　　　　　　98

		5.2.1 模型的建立	98
		5.2.2 模型求解	99
		5.2.3 字典构建	103
		5.2.4 复杂度分析	103
	5.3	实验与结果分析	104
		5.3.1 实验数据	104
		5.3.2 参数设置	104
		5.3.3 对比方法	105
		5.3.4 MSLSTIPT 方法的有效性验证	105
		5.3.5 参数影响分析	107
		5.3.6 对比实验	107
		5.3.7 运行时间对比	115
	5.4	本章小结	115

第 6 章 基于非独立同分布混合高斯模型和改进通量密度的目标检测方法   116

	6.1	MoG 模型	117
	6.2	MFD-NMoG 模型的建立与求解	118
		6.2.1 模型的建立	119
		6.2.2 模型求解	120
		6.2.3 复杂度分析	126
	6.3	实验与结果分析	126
		6.3.1 实验数据	127
		6.3.2 参数设置	127
		6.3.3 对比方法	127
		6.3.4 MFD-NMoG 方法的有效性验证	128
		6.3.5 参数影响分析	128
		6.3.6 MFD 方法的有效性验证	128
		6.3.7 对比实验	130
		6.3.8 运行时间对比	135
	6.4	本章小结	135

第 7 章 总结与展望 136
7.1 本书工作总结 136
7.2 未来工作展望 139

参考文献 140

第1章

绪　论

1.1　研究背景及意义

科学技术的飞速发展对现代战争的作战模式和策略的不断更新和变革产生了巨大的推动作用，在战争中能否掌握主动权和信息权是制胜的关键因素。未来战争的发展趋势主要有以下几点：①高效强大的信息处理系统：通过更加先进的作战平台和监视手段发现目标、引导己方武器精准打击的能力和更加高效准确的信息交互作战能力，进一步提高对作战情报的采集效率和处理速度。②超视距战斗：利用导弹或无人机在视距之外精确制导摧毁敌方重要军事目标，大大提高己方作战人员的生存率。③空天作战：随着空天作战概念的提出，各国纷纷组建了自己的太空作战力量，其中俄罗斯于 2015 年 8 月 3 日宣布其空天部队组建完毕，该军种统筹负责未来的太空作战和战略预警监视任务；美国于 2019 年 12 月 20 日宣布成立了美国太空部队，该兵种是美国空军下属的一个独立部队，旨在建立具有"统治力"的空间作战力量；而日本也在 2020 年 5 月 8 日宣布将成立"宇宙作战队"，该兵种将与美军、日本宇宙航空研究开发机构共同构建日本的太空监视体系，其他军事发达国家也相继加速发展空间军事力量，从而在太空领域竞争早期占据优势。同时军事发达国家大力研发空天武器，利用卫星平台搭载武器系统实现全球范围快速打击，例如临近空间高超声速目标和动能武器系统。④网络信息安全攻防战：网络空间已经成为战争开展的第五个维度空间，网络安全和黑客技术的博弈是未来战争新的矛与盾之间的较量。基于上述战略需求，世界上很多军事发达的国家相继开展各种先进传感探测系统的研究工作。

早期的目标检测系统主要以雷达系统为代表，雷达通过主动发射电磁波并接收目标反射的回波，从而实现对目标的检测和跟踪，具有作战距离远、全天候工作的优点，但是由于其具有对外主动辐射的特性，导致雷达容易暴露，生存能力较弱，同时现代的隐身飞机采用吸收辐射的涂料，大大降低了雷达的检测能力。采用被动探测方式的红外探测器逐渐崭露头角，这类探测器通过感应目标的热能辐射探测目标，探测器自身并不产生辐射，隐蔽性强并且不受光照和天气的影响，同时红外线具有极强的穿透能力和抗电磁干扰能力，在目标探测领域发挥了关键作用。

从 20 世纪 60 年代以来，红外检测与跟踪（infrared search and track，IRST）技术逐渐成为军事发达国家竞相开展研究的热点领域。IRST 的定义是指在单帧或者序列红外图像中检测目标以及进一步实现跟踪的过程。IRST 系统的基本工作流程主要包括四个步骤：①红外传感器从视场范围内接收包含目标和背景的辐射热能，生成灰度图像；②采用图像预处理技术抑制图像中的背景杂波，从而提高图像的信噪比；③采用相应的目标检测算法对图像处理后得到疑似目标的备选点；④通过阈值处理和轨迹关联剔除虚假目标点，最后融合输出目标轨迹，预测目标下一时刻位置。IRST 系统的处理流程框图如图 1.1 所示。IRST 技术在红外预警、制导和反导系统中都起着至关重要的作用。在红外预警探测和反导系统研究中，美国依靠其强大的经济和科技实力，逐步建立了较为完善的 IRST 体系和反导技术，研究水平处于全球领先的地位。美国最早于 20 世纪 60 年代开展红外预警探测技术的研究，目前已经获取了大量的红外图像数据，在多次局部冲突和战争中采用该项技术实现了目标的检测和跟踪，同时也不断改进技术水平。从最初"冷战"时期的"国防支援计划"（defense support program，DSP）卫星，到现阶段正在研发部署的天基红外系统（space-based infrared system，SBIRS），该系统作为"DSP"系统的更新替代产品，在最初系统设计时计划部署不同轨道高度的两套子系统，即"SBIRS-High"系统和"SBIRS-Low"系统，但是由于研究进度缓慢和经费问题，该项目最终更名为空间跟踪和监视系统（space tracking and surveillance system，STSS）。因此，现行的"SBIRS"即为原"SBIRS-High"部分，其系统结构如图 1.2（a）所示，该系统主要用于发现和跟踪主动段的导弹目标，与前一代的"DSP"系统相比，目标的估计精度得到了大大提升，同时兼具对辐射较弱的目标的发现能力。而"STSS"系统由 20~30 颗低轨卫星构建而成，其轨道高度可以根据作战需求进行调节从而提高对低辐射强度目标的发现概率，例如处于发射中段的导弹，同时该系统还可以进行真假目标的进一步识别，排除诱饵弹的干扰。另外，该系统还可进行星间通信，通过接力方式实现对目标生命周期的全程跟踪，其星座及星间通信如图 1.2（b）所示。

跟踪结果还可以引导地基雷达和拦截系统，实施拦截后执行毁伤效果评估。同时，美国着力发展"下一代过顶持续红外"（next-generation overhead persistent infrared，NG-OPIR）系统，以应对高超声速武器等新型威胁。其他国家包括中国、以色列和英国等国家在进入21世纪以来也相继倾注大量的资源研究该项技术，我国目前研究水平距离美国先进水平差距还较大，但是该项技术的研究进展对增强我国的战略防御能力以及维护国家国土安全具有十分重大的意义。

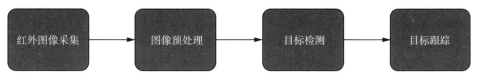

图1.1 红外目标检测与跟踪系统处理流程

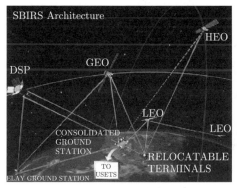

（a）SBIRS卫星系统结构图

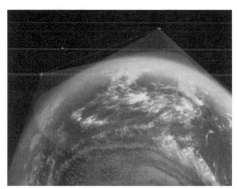

（b）STSS系统星座及星间通信示意图

图1.2 美国红外预警系统示意图

在军事应用背景下，为了掌握战争的主动权和信息权，对红外目标检测与跟踪系统的作战距离和检测准确率都提出了很高的要求。为了尽可能早地对敌袭导弹或者飞机等目标进行预警，需要红外目标检测与跟踪系统的探测距离尽可能远，覆盖范围尽可能大。成像距离越远，目标在像平面所占的像素就越少，例如一般的军用红外成像系统探测距离通常在10 km以上，导弹或者飞机目标在像平面仅占2像素×2像素到9像素×9像素，仅仅只有数个到数十个像素（少于图像大小的0.15%）。另外，地球大气层的热辐射效应会对红外传感器接收到的目标辐射造成干扰，同时传感器本身所带的电子器件的噪声也会带来一定影响，上述因素使得目标对比度或者信杂比（signal-to-clutter ratio，SCR）很低。因此，当感兴趣的目标在像平面所占像元很少同时目标的SCR很低时，这一类型的目标就统称为"红外弱小目标"。当目标所处的背景图像中灰度方差较大，而且灰度值较高的成分比较多时，该背景就被称为"复杂背景"。在复杂背景下红外弱小目标检测的难点主要有以下几点：①弱小目标的特性：目标几何尺寸相对较小，在图像上表现为类似于噪声的"凸点"，缺乏有效的形状和纹理信息，传统光学目标检测方法不再适用，同时目标的信噪比和信杂比均较低，为目标检测增大了难度；②强烈的背景杂波和噪声干扰：由于目标所处环境不同，杂波干扰类型也不同，主要分为云杂波、海杂波和地杂波，一个场景下可能包含多种类型的杂波干扰；除此之外，由于成像器件误差和环境噪声，获取的红外图像通常包含多种类型的噪声；③任务的特殊性：在军事应用背景下由于检测任务的特殊性和实时性，需要保证检测结果的可靠性，以及要求检测算法能够对海量数据进行高效处理。因此，研究复杂背景下可靠高效的红外弱小目标的检测技术一直都是红外目标检测与跟踪技术研究领域的最富有挑战性和研究价值的课题。

本书首先对不同典型场景下红外图像背景的特性进行了分析，然后基于此对弱小目标的检测技术进行深入研究，充分挖掘并且利用背景和目标之间的区别，找到新的特征描述方法，增强弱小目标的同时抑制背景和噪声，提升复杂背景干扰下和噪声情况下的目标检测性能。本书研究了基于稀疏表示理论，多子空间学习等一些新思路的红外弱小目标检测方法，具有较大的理论创新，对红外探测系统核心性能的提升也有很强的实用价值。

1.2　国内外研究现状及发展动态

红外弱小目标检测技术作为红外预警探测系统的核心技术，数十年来，得到了很多国内外专家学者的大量研究。国际光学工程学会（International Society for Optical Engineering，SPIE）自 1989 年开始，每年都会举办一次主题为"signal and data processing of small targets"的国际会议，会议主题涵盖了弱小目标的检测和识别、跟踪等热点问题；而且每年都会有很多红外弱小目标的相关研究成果发表在 *IEEE Transaction on Image Processing*、*IEEE Transaction on Image Transactions on Geoscience and Remote Sensing*、*IEEE Geoscience and Remote Sensing Letters*、*IEEE Journal of Selected Topics in Applied Earth Observations and Remote Sensing*、*Infrared Physcis & Technology* 等国际期刊上。近年来，这项技术在国内也得到了大量关注，目前主要有中国科学院、国防科技大学、哈尔滨工业大学、电子科技大学、西安电子科技大学，以及中国航天工业集团等单位对该项技术进行了广泛和深入的探讨与研究。由图 1.1 可知，红外弱小目标检测技术主要包括红外图像预处理技术和红外目标检测技术，下面针对这两个方面的技术所对应的国内外研究现状进行综述。

1.2.1 红外图像预处理技术

红外图像预处理技术是指通过对输入图像中的背景杂波和噪声进行抑制，提高目标的信噪比，降低下一步目标检测难度的技术，也称为背景抑制方法。背景抑制方法根据处理域可以分为时域、空域、时空域联合和变换域四类。

1）时域

基于时域的背景抑制方法主要适用于背景变化缓慢、较为平稳的场景，典型方法包括时域差分法[1]，对相邻连续两帧作差从而抑制背景杂波；武斌[2]假设相邻帧之间背景无变化，采用高阶统计量对背景进行抑制；Xiong[3]基于帧间关联信息提出了非线性滤波算法，该算法需要提前选取滤波模板，然后再将模板内与待处理像素点最接近的像素作差作为滤波结果；陈颖[4]将点估计理论应用于红外图像序列的处理，在对图像进行配准后，将多帧连续图像进行投影叠加从而提高图像的信噪比；Pohlig[5]利用时间平稳和空间非平稳杂波统计模型，提出了一种检测运动目标的最大似然算法。

2）空域

基于空域的背景抑制方法主要利用目标灰度的"奇异性"和背景区域的缓变性的差异对背景杂波进行抑制，由于算法计算量小且易于硬件实现，因此在工程中应用十分广泛，这类方法主要包括中值滤波算法[6-7]、形态学滤波算法[8]和一些自适应滤波技术[9-13]。其中，中值滤波算法首先计算待处理像元的邻域内所有像元的灰度均值，然后将该均值设为待处理像元新的灰度值，该方法对单独的噪声点抑制效果较好，但是算法性能对滤波窗口的大小比较敏感，无法有效抑制超出滤波窗口大小的结构化背景干扰或者噪声；形态学滤波算法采用预设的结构元素，利用形态学的腐蚀和膨胀操作组合形成开操作和闭操作对图像进行处理得到背景图像，然后再与原图进行差值处理得到滤波结果，它的性能也与结构元素的选取密切相关。上述两种滤波方法对滤波窗口或者结构元素的参数选取都比较敏感，因此有学者将自适应的概念引入滤波技术，这类方法不需要图像的先验信息和严苛的参数设置,而是利用背景邻域相关性预测背景。通过比较预测背景和原始图像的差异自适应调节参数从而抑制背景，例如二维最小均方（two-dimensional least mean square，TDLMS）滤波方法[9]，该方法在去噪能力上弱于传统的中值滤波算法，但在保留图像边缘和细节能力方面要更强；类似的方法还包括最小均方支持向量机方法[10]、自适应格形滤波器[11-12]和卡尔曼滤波[13]等。近年来，一些学者认为目标是对原始背景区域造成了"灰度扰动"，并基于"灰度奇异性"检测目标，例如基于梯度算子的检测算法[14-17]，但是该类算法对背景的强纹理结构比较敏感，会在目标图像残留很多背景干扰，引起虚警。综上所述，基于空域信息的方法适用于背景变化平缓的场景，当背景剧烈变化时预测背景的误差较大，从而导致算法性能下降。

3）时空域联合

由上述分析可知，基于时域和空域的背景抑制方法都有其局限性，近年来，越来越多的学者提出将图像的时域信息和空域信息联合利用以进一步抑制背景杂波。Tzannes[18]针对云杂波建立空域中的自动回归（auto regressive，AR）模型和时域的马尔科夫（Markov）模型，采用时空域联合的方法进一步抑制背景杂波；Tartakovsky[19]提出了基于核函数的时空域联合背景抑制方法，该方法对杂波统计特性的变化具有鲁棒性，但是计算量较大，理论模型比较复杂。

4）变换域

基于变换域的背景抑制方法是指将输入的红外图像从空域映射到变换域，在相应的变换域进行处理后再进行相应的逆变换转化到空域，最后输出检测结果，采用的变换域主要为频域和小波域两类。Porat[20]等人基于方向滤波器提出了背景抑制算法，但是该算法假设图像背景灰度分布满足白色高斯分布，不符合实际数据中背景的分布特性；Yang[21]等人提出了基于Butterworth滤波器的频域背景抑制算法，首先对背景的复杂程度进行分析，然后设定滤波器的截止频率，但该方法计算量比较大；Thayaparan[22]等人为了提高算法效率，引入了快速傅里叶变换（fast Fourier transform，FFT）。当目标和背景频域差异较小存在混叠时，基于频域的背景抑制算法性能将会下降。考虑到小波变换[23]能够实现对图像的多尺度视频分析，Casasent[24]首次将小波变换和Gabor滤波结合起来对红外图像进行预处理，取得了较好的效果；随后更多学者基于小波变换针对不同红外应用场景提出了相应算法，包括双正交小波变换[25]、针对海天背景的小波变换[26]等。小波基的选择对这类算法的性能起着至关重要的作用，结构简单的小波基与频域类方法性能差异不大，而结构复杂的小波基会大大提高算法的复杂度，降低处理效率。

1.2.2 红外目标检测技术

经过图像预处理技术对背景杂波抑制后，目标的信噪比（signal-to-noise ratio，SNR）得到有效提高，方便后续目标检测算法的处理。目前的红外目标检测技术按照检测和跟踪的逻辑关系可以分为两类，分别为：检测前跟踪（track-before-detection，TBD）方法和跟踪前检测（detection-before-track，DBT）方法，下面分别对这两种方法的研究现状进行介绍。

1) TBD 方法

TBD 方法的基本思路是：首先根据目标运动特性和一些先验信息，例如目标速度和方向，对目标所有可能的运动区域和轨迹进行跟踪搜索；然后将目标能量进行累加求得后验概率；最后采用设定的阈值进行判决，判断轨迹是否是属于目标的正确轨迹。TBD 方法进行目标检测的流程如图 1.3 所示。

图 1.3 TBD 方法进行目标检测的流程

TBD 方法的典型代表包括 Reed[27-29] 提出的三维匹配滤波方法，该方法输入目标的先验速度信息，融合空间滤波和时间信息累积的结果有效提高了图像的 SNR，但是当目标实际运动速度与先验速度误差较大时，方法性能会急剧下降，所以该方法只适用于目标速度变化较小的场景。为了解决这一问题，Kendall 等人[30] 采用多组速度匹配滤波器扩大目标速度的匹配范围；后续也有学者陆续提出了改进方法，主要有 Stocker[31] 提出的高速滤波器组，Li[32] 提出的三维双向滤波方法，Zhang[33] 提出的由粗搜索递进到精搜索的三维双向滤波方法，有效提高了方法效率和鲁棒性，这类方法还可参阅文献 [34-36]。另外，TBD 方法还包含利用双阈值筛选符合要求的目标运动轨迹的多级假设检验（multi-stage hypothesis testing, MSHT）方法[37-39]、将图像每一个像素建模为状态的动态规划（dynamic-programming, DP）检测方法[40-45]、利用序列不同帧图像的高阶相关性提取目标运动轨迹的检测方法[46-48]、基于粒子滤波的目标检测算法[49-53] 等。上述 TBD 方法有一个基本共同点，它们都利用了图像序列的时域信息对红外弱小目标进行检测，对背景变化相对平缓的场景和低信噪比条件下的目标检测性能较好。

2) DBT 方法

与 TBD 方法比较而言，DBT 方法可以在快速变化的背景中目标轨迹不连续的情况下实现弱小目标检测。DBT 检测方法的基本流程是：首先对每一帧图像进行目标检测，得到候选点目标；然后利用目标运动轨迹的连续性，对虚假目标进行排除；最终实现目标跟踪。因此，DBT 方法的性能对单帧目标检测结果的准确性要求较高，运算量相对 TBD 方法而言更小。DBT 方法进行目标检测的通用流程如图 1.4 所示[54-57]。

DBT 方法又可以分为三类：基于视觉注意机制（human visual system, HVS）的方法、基于模式识别的方法以及基于稀疏性和低秩性重构的方法。

图 1.4　DBT 方法进行目标检测的流程

HVS 方法借鉴人体生物学的机制，将红外弱小目标假设为人体视觉的感兴趣区域，与局部背景具有高对比度的显著点，同时假设背景在纹理上具有自相关性，在强度上不断变化。这一类方法最早起源于拉普拉斯-高斯（Laplacian of Gaussian，LoG）滤波方法[58]，随后不断有学者在其基础上进行改进，例如高斯差分（difference of Gaussians，DoG）法[59]，二阶方向导数（second-order directional derivative，SODD）滤波器[60]等。为了提高算法对背景强边界干扰的鲁棒性，Chen[61]利用目标点与其背景邻域的差异性提出了局部对比度测量（local contrast measure，LCM）法，Han[62]基于此提出了改进的局部对比度测量（improved local contrast measure，ILCM）法，主要是利用了图像灰度最大值和平均灰度值的乘积，上述方法利用局部差异性对目标的显著性进行衡量，然后采用阈值法检测目标，具有易于实现的特点，在背景复杂程度不高的情况下能够取得较好的效果。但是在复杂背景下，背景的杂波干扰与目标在显著性差异不大，无法进行有效区分。为了解决这个问题，有学者进一步提出基于多尺度分析和熵的方法，这类方法主要利用目标与背景差异较大且复杂程度要高于局部背景区域的特点，主要包括基于多尺度区域的对比度测量（multiscale patch-based contrast measure，MPCM）法[63]、多尺度灰度差分加权图像熵法[64]、局部显著性对比（local saliency map，LSM）方法[65]、加权局部差异测量（weighted local difference measure，WLDM）法[66]、局部差异测量（local difference measure，LDM）法[67]等。

基于模式识别的方法的思路是：建立数学模型将目标和背景分离建模为二分类问题，主要可以分为基于主成分分析的方法和基于分类器训练的方法。Hu 等人[68]通过高斯强度函数建立一个小目标字典，并根据重建误差通过主成分分析（principal component analysis，PCA）将目标进行分类检测。基于相同的框架，概率 PCA[69]、核 PCA[70]和非线性 PCA[71]等思想也被应用于小目标检测，上述方法假设背景是均匀的，而实际情况中背景总是很复杂的，另外，真实目标可以具有与高斯形式不同的各种形状。为克服这两个缺陷，Wang 等人[72]通过学习背景字典提出了一种基于稀疏表示的检测方法。将高斯目标词典与背景词典相结合，Li 等人[73]提出使用联合字典将目标与背景区分开来。然而这些方法中的目标也可以通过背景词典进行稀疏重建，从而限制了它们在实际场景中的能力。基于训练分类器的方法利用特征向量描述红外图像，然后利用训练好的分类器对待检测的图像进行检测，比较具有代表性的工作主要有基于支持向量机（support vector machine，SVM）的检测方法[74-75]，这类方法的性能比较依赖于训练样本和特征的选择，而现实场景中背景的类型很多，无法保证训练样本能够有效地代表所有类型的场景。

近年来，基于稀疏性和低秩性重构的目标检测方法受到很多学者的关注，它假设缓慢变化的背景具有低秩性，而相较于背景只占据极少像素数的目标具有稀疏性，然后可以利用低秩重构的方法将背景和目标分离，从而达到检测目标的目的。这类方法最早由 Gao 引入稀疏环对目标进行检测[76]，后来其团队又提出了基于红外图像块（infrared patch image，IPI）的目标检测方法[77]，IPI 模型利用滑窗的方法对原始图像从上至下、从左至右进行取值，其中滑动的步长大小一般小于滑窗窗口的大小，这样可以增加背景图像块的冗余性，然后将窗口内的像素以向量形式重组，得到一个新的图像灰度矩阵，其中背景和目标分别具有低秩性和稀疏性，再采用核范数（nuclear norm）和 l_1 范数分别对背景和目标进行约束，最后利用鲁棒主成分分析（robust principal component analysis，RPCA）[78]进行最优化求解。为了进一步提高算法性能，Dai 对重组构成的灰度矩阵的每个列向量都引入权值，提出了加权的 IPI 模型[79]，凸显不同列向量在优化模型中的不同物理意义，然而计算每个列向量的权值极大增加了算法的复杂度；为了提高算法效率，Dai 等人[80]又提出了非负约束的 IPI 模型，该模型利用矩阵奇异值的部分和最小化求解低秩矩阵，并对稀疏矩阵采用非负约束，进一步增强了 IPI 模型的性能，然而该模型需要根据图像先验信息设置能量约束比参数，导致其在实际应用中会有较大的局限。Guo 对约束低秩矩阵的核范数引入自适应权值，提出了重加权 IPI（reweighted IPI，ReWIPI）模型[81]，采用加权核范数最小化（weighted nuclear norm minimization，WNNM）方法[82]对背景边缘更好地进行抑制，但是该方法仍然效率较低。另外，Dai[83]通过扩展数据结构的维度将二维的矩阵维度扩展到三维的张量空间，提出了基于红外图像张量块（infrared patch-tensor image，IPT）的目标检测方法，该方法从张量数据的角度同时利用全局和局部的先验信息检测弱小目标，进一步提高了检测性能。但是，当红外图像背景包含大量的非平滑区域时，上述方法都无法有效对背景杂波进行抑制。针对该问题，Wang[84]提出了基于总变分正则项-主成分追踪（total variation regularization and principal component pursuit，TV-PCP）的目标检测方法[84]，采用总变分项（total variation，TV）[85]对背景图像中灰度突变的成分进行很好的刻画，从而抑制其在目标图像中的残余干扰；后续，其团队又提出了基于稳定多子空间学习的目标检测方法，该方法针对包含多个红外辐射源的场景采用多子空间学习的方法分别对它们进行描述，从而提高目标检测性能[85]。Gao 还针对复杂噪声分布利用混合高斯分布（mixture of Gaussian，MoG）模型[86]对噪声进行建模，将目标视为一种特殊的噪声成分，同时引入连续帧的时域信息和马尔科夫随机场（Markov random field，MRF）方法[87]，提出了马尔科夫随机场和混合高斯分布模型（MRF and MoG，MRF MoG）的方法以提高噪声干扰下的目标检测性能[88]。

除了上述的三类方法外，自 2014 年以来，由于人工智能和深度学习技术的兴起和迅速发展，它在传统可见光图像领域的目标检测、目标识别和目标分割都取得了十分突出的成果，而有些学者也开始尝试将这一技术应用于红外弱小目标检测问题，利用深度学习挖掘目标的深层次特征信息。Wang 等人提出用对抗生成网络（generative adversarial net，GAN）[89]来进行红外小目标分割[90]，该方法将红外小目标分割任务分解为分别针对降低虚警和降低漏检的两个子任务，用对抗训练的方法，来达到降低虚警和降低漏检的平衡。他们还提出了一个由真实数据和合成数据组成的数据集，该算法在红外小目标分割方面取得了优异的性能。Wang 等人设计了一个用于特征提取的骨干网络[91]，专门用于红外小目标检测，同时为了验证所提骨干网的有效性，他们提出了一个数据集，该数据集是在海边沙滩拍摄的海平面或者天空，将船舶和飞机作为目标。实验结果表明，结合单阶段的 YOLO（you only look once）检测器[92]，该方法可以在 640 像素×512 像素的红外图像中检测到 2 像素×2 像素的目标，处理速度可以达到 105 帧/s，能够实现实时检测。Zhao 等人提出了一种检测红外小目标的轻量级卷积网络（TBC-Net）[93]，该网络包括目标提取模块和语义约束模块，语义约束模块在训练过程中为目标提取模块提供语义约束。相比于传统方法，该算法可以减少由复杂背景带来的虚警并且可以达到实时检测，可以用在带有红外传感器的无人机野外搜索等应用中。

随着红外探测系统的布局逐渐完善成熟，算法处理性能和传感器等硬件的水平不断提升，系统针对目标的检测性能得到很大的提高。目前已有很多红外弱小目标检测算法相继提出用于完成各种场景下的检测任务，但这些方法仍然各自都有一些局限性，例如算法对噪声的鲁棒性不够，算法需要过多的先验信息以及场景的假设过于理想化等，同时由于目标的低信噪比和形状纹理特征缺失的影响，在复杂背景下的弱小目标检测问题仍然具有很大的挑战性。因此本书针对这些复杂场景和噪声干扰，研究如何实现性能稳定的红外弱小目标检测方法。

1.3 本书主要工作及内容安排

本书针对复杂背景和噪声干扰下的红外弱小目标检测存在的问题和不足开展研究，重点对复杂背景下的目标检测、强边界和角点干扰下的目标检测、复杂噪声干扰下的目标检测、多辐射源干扰下的目标检测方法进行研究。本书各章节组织关系如图 1.5 所示。主要工作和具体内容安排如下：第 1 章是绪论部分，主要介绍了课题的研究背景和意义，梳理概括了课题相关的研究现状，并且分析了目前红外弱小检测领域的困难和挑战，给出了本书的研究内容和章节安排。

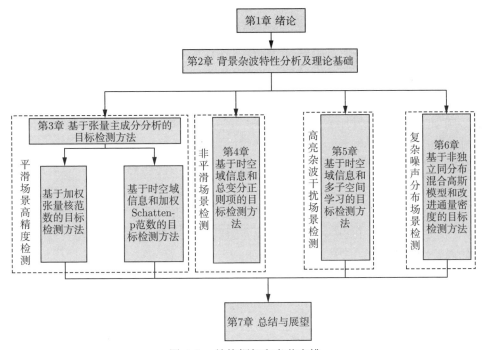

图 1.5　结构框架和章节安排

第 2 章介绍了本书研究工作的理论基础，首先分析了不同场景下的红外背景杂波和干扰，然后介绍了本书实验所用的仿真数据的生成方法，最后介绍本书涉及的基本数学理论、优化方法和算法评价指标，为后续章节铺垫理论基础。

第 3 章对红外背景的低秩性和目标的稀疏性进行了深入分析并且研究基于张量主成分分析（PCA）方法的红外弱小目标检测方法。首先，针对当前很多基于 DBT 检测框架的单帧目标检测方法的性能在复杂多变的场景和干扰不够稳定的缺点，本书将图像从二维数据扩展到三维张量空间，提出了基于加权张量核范数的红外弱小目标检测方法。该方法利用多维数据的优势挖掘目标和背景的深层特征，在张量空间中利用目标的稀疏特性和背景图像的低秩性，采用主成分分析法对目标和背景进行分离，从而实现复杂背景下的单帧目标检测。进一步地，考虑到目前基于低秩性和稀疏性重构的弱小目标检测算法大多采用核范数最小化方法对背景的低秩性进行描述，此时较小的奇异值将会被"过度收缩"（overshrink），导致重构的精度下降，背景杂波无法得到完全抑制。为了解决该问题，本书提出了基于时空域信息和加权 schatten-p 范数最小化（weighted schatten p-norm minimization and spatial-temporal IPT，WSNM-STIPT）的目标检测方法。本书定义了张量空间的加权 schatten-p 范数最小化（weighted schatten p-norm minimization，WSNM）方法，它能够更加精确地恢复低秩背景部分，抑制背景杂波在目标图像的残留；另外，本书还提出了基于时空域信息的红外张量块（spatial-temporal IPT，STIPT）模型，利用多维张量的数据结构同时利用红外图像序列的时域和空域信息，进一步提高了目标检测性能。

第 4 章主要针对非平滑场景的目标检测难题，提出了基于时空域信息和总变分正则项（TV and STIPT，TV-STIPT）的目标检测方法。目前基于稀疏性和低秩性重构的红外弱小目标检测算法对背景区域的平滑程度依赖比较严重，当红外图像中包含杂波边缘和角点干扰时，例如天空场景中的卷云等，由于这些干扰灰度变化尖锐，具有类似目标的稀疏性，非常容易引起虚警，增加了目标检测的难度。针对这一问题，本书将时域和空域信息进行联合，在张量空间中采用全变差正则项对这些背景中的强杂波边缘和角点进行更好地刻画，并通过仿真验证了算法的有效性和优势。

第 5 章主要研究了高亮杂波干扰下的目标检测问题，提出了基于时空域信息和多子空间学习（multi-subspace learning and STIPT，MSL-STIPT）的目标检测方法。在很多检测场景中，某些干扰物对太阳的反射非常强烈，例如地面场景中的人造建筑物、海面场景中的水面和天空场景中的大气及卷云等，这些高亮区域的灰度值有的甚至超过了目标，极易引起虚警，导致目标被正确检测的难度大大增加。为了解决该问题，本书采用多子空间学习的方法对背景中出现的高亮杂波进行建模和刻画，对数据本身的结构进行学习，同时利用时域和空域信息提高检测目标的概率，抑制高亮杂波和噪声，并通过仿真验证了算法的有效性和优势。

第 6 章提出了基于非独立同分布混合高斯模型和改进通量密度（modified flux density and non-independent and identical distribution MoG，MFD-NMoG）的目标检测方法。目前，大多数红外目标检测方法通常假设背景中的噪声分布服从独立同分布，而且一般就认为该噪声为简单的加性高斯白噪声，然而在实际应用场景中噪声分布比较复杂，例如椒盐噪声、泊松噪声等，所以这些算法在这种情况下的性能会受到严重影响。为了解决该问题，本书利用非独立同分布混合高斯模型对序列红外图像的复杂噪声分布进行建模和描述，将目标也视为一种特殊的具有稀疏性的噪声，同时利用目标和噪声在通量密度分布的区别对目标进行进一步甄别，提高检测算法对复杂噪声的鲁棒性，并通过仿真验证了算法的有效性和优势。

第 7 章对本书的研究工作进行了总结，并对未来的工作进行了展望。

第2章

背景杂波特性分析及理论基础

本书围绕复杂背景下的红外弱小目标检测难点展开研究,所以本章首先分析了红外图像中不同杂波的特性,然后介绍了本书采用的仿真数据的生成方法,再介绍了评价红外弱小目标检测算法的常用指标,最后介绍了低秩和稀疏重构恢复问题的数学模型和常用的优化方法,为后续章节的算法打下理论基础。

2.1 背景杂波特性分析

在红外成像技术领域中,红外辐射范围可以根据波长划分为 4 个波段,分类如表 2.1 所示,其中 $3\sim5\mu m$ 的红外辐射常用于红外探测系统,作用距离可以达到 20km 以上。探测系统获取的红外图像根据包含的杂波类型可以分为比较均匀的平滑场景、包含边缘和角点干扰的非平滑场景、包含高亮杂波干扰的场景以及复杂噪声干扰的场景,不同场景下弱小目标检测的难点也不尽相同,所以本节首先对红外图像统计特性指标(包括图像灰度方差、平滑度、熵和图像一致性)进行介绍,然后对典型的背景杂波类型和特性进行介绍并采用上述 4 个衡量指标对各个场景的图像进行定性分析。

表 2.1 红外辐射分类

类别	近红外	中红外	远红外	极远红外
波长范围	$0.78\sim3\mu m$	$3\sim5\mu m$	$5\sim15\mu m$	$15\sim1000\mu m$

2.1.1 复杂度评价指标

首先对红外图像统计特性指标进行介绍,这些指标用于衡量红外图像背景的复杂程度。给定红外图像 f,图像大小为 $m \times n$。图像的灰度方差用于衡量图像中灰度分布变化的剧烈程度,其定义如下:

$$\sigma^2 = \frac{1}{m \times n} \sum_{i=1}^{m} \sum_{j=1}^{n} |f(i, j) - \mu|^2 \tag{2.1}$$

其中,μ 代表图像灰度的均值;$f(i, j)$ 表示图像 f 的第 i 行第 j 列的元素。

图像平滑度[94]是用于衡量图像背景的平滑程度和相关性,该值越大则表示图像越不平滑,其定义如下:

$$Q = 1 - \frac{1}{1+\sigma^2} \tag{2.2}$$

其中,σ 为图像的灰度方差。

熵能够有效地衡量图像中的平均信息量,熵值越大表示图像的灰度值分布更加复杂,出现复杂背景成分的可能性越大,熵值越小则表示背景可能更加平滑。设给定红外图像共有 N 个灰度级,灰度值 x 出现的概率为 p_x,则图像熵的定义如下:

$$E = -\sum_{x=0}^{N-1} p_x \log_2 p_x \tag{2.3}$$

其中,当 $p_x = 0$ 时规定 $p_x \log_2 p_x = 0$。进一步地,可以定义图像一致性为

$$H = \sum_{x=0}^{N-1} (p_x)^2 \tag{2.4}$$

图像一致性越低,则代表图像越不平滑。下面对红外图像中不同典型杂波干扰进行定性和定量分析。

2.1.2 平滑场景

首先,对典型的平滑场景进行分析。如图 2.1 所示,为了更直观地观察图像灰度变化,同时展示了上述平滑场景的三维图像,其中图 2.1(a)和(b)为海面场景,图 2.1(c)和(d)为天空场景。由图 2.1 可知,平滑场景的背景一般比较均匀,灰度变化趋于平缓,目标与邻域背景的灰度差异较为明显,目标检测难度相

对较小。采用红外图像背景复杂程度衡量指标对上述平滑场景进行分析，结果如表 2.2 所示。由结果可知，上述图像的灰度方差和平滑度的值都不高，表示图像的平滑程度较高。

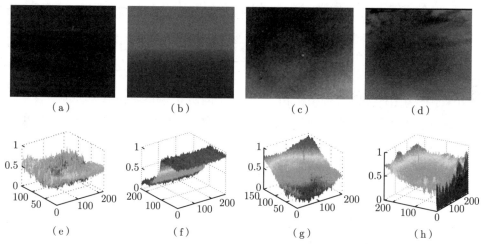

图 2.1　典型平滑场景示意图及三维图像（见文后彩图）

表 2.2　典型平滑场景的统计特性分析结果

序号	灰度方差	平滑度（$\times 10^{-2}$）	熵	图像一致性（$\times 10^{-2}$）
（a）	78.59	98.84	5.18	3.24
（b）	716.85	99.86	5.33	4.10
（c）	1160.79	99.91	5.35	3.01
（d）	657.29	99.85	5.53	2.33

2.1.3　非平滑场景

非平滑场景的主要干扰是边缘和角点的干扰，它们通常会造成局部灰度的剧烈起伏，其中天空场景是这类场景的典型代表。天空场景对目标检测的主要干扰来源于云层，云层通过反射太阳光和吸收地表反射的辐射，与目标一样在红外图像中表现为灰度较高的区域，而云层边缘和背景灰度突变的区域就会形成角点区域。水汽在高空凝结形成了云层，高度的变化导致云层的形状各异，常见的种类包含有积云、层积云和卷积云等，如图 2.2 所示。其中，图 2.2（a）包含了层积云，该类云层为低层覆瓦状云层，通常覆盖整个天空，导致图像灰度起伏更大，目标检测难度加大；图 2.2（b）包含了积云，该类云层表现为连续蓬松状白云，形状类似于棉絮，在图像分布中一般较为集中；图 2.2（c）和（d）是卷积云的红外成像示意图，这类云层通常灰度变化具有层次，厚的卷层云与薄的高层云混叠，云层内部灰度也有起伏，同时主要成分也是冰晶，云层对阳光反射强度较大。这些云层造成的边缘起伏和角点区域对弱小目标检测都带来了较大的干扰。

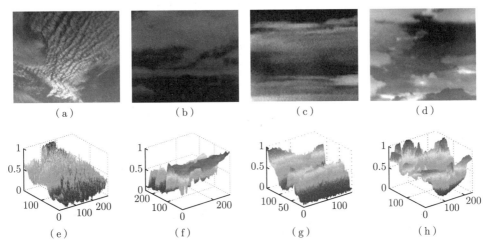

图 2.2 典型非平滑场景示意图及三维图像（见文后彩图）

采用衡量指标对非平滑场景进行分析，结果如表 2.3所示。从结果中可以看出，图 2.3（b）中的平滑程度和图像一致性相对于其他图像更好，这是由于积云云层内部有大片连续区域，灰度变化相对而言相对平缓一些；而图 2.3（a）中层积云虽然覆盖面积较大，但是通常不连续，形状通常为小块的碎片云团，对弱小目标检测造成的干扰较大；图 2.3（c）和（d）中卷积云是四种典型场景中云层分布最为复杂的一种，不同辐射亮度的云层混叠导致灰度起伏剧烈，强烈起伏的边界和角点很容易被误检为目标。

表 2.3 典型非平滑场景的统计特性分析结果

序号	灰度方差	平滑度（×10^{-2}）	熵	图像一致性（×10^{-2}）
（a）	1475.80	99.93	7.21	0.81
（b）	1228.17	99.91	6.44	1.47
（c）	2259.39	99.96	7.45	0.62
（d）	3130.70	99.97	7.72	0.53

2.1.4 高亮杂波干扰场景

高亮杂波干扰场景是指图像中包含一些高亮区域，它们的灰度甚至超过了目标，例如在无人机监视或者森林火灾预警等地面场景中，地面建筑物或者自然景观对阳光的反射很强烈，天空场景中的云层和海面背景中水面对阳光的反射等。图 2.3 展示了一组典型的高亮杂波干扰场景。其中，图 2.3（a）包含了海杂波干扰，它对阳光的强烈反射导致图像灰度变化剧烈；图 2.3（b）中干扰源主要是马路和人造建筑对阳光的反射，在红外图像中和目标类似也表现为高亮区域；图 2.3（c）是一幅成像距离较远的地面场景，图像中包含山脉和工厂建筑，其中山脉区域灰度分布比较均匀，但是工厂建筑对阳光的反射形成的高亮区域容易导致目标漏检；图 2.3（d）中展示了不同成像距离的山脉，其中较远的山脉区域灰度值较低，背景比较平滑，而较近的山脉区域则表现为灰度值较高的不规则区域，同时地面也有很多高亮区域。由三维图像可知，这些干扰的灰度值有的达到了 1（图像灰度已进行归一化处理），对目标检测造成了很大困难。

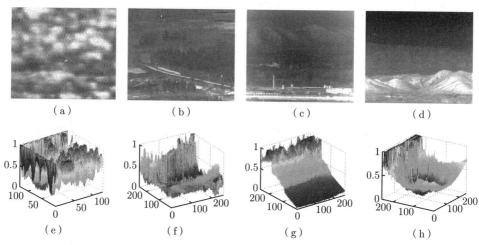

图 2.3　典型高亮杂波干扰场景示意图及三维图像（见文后彩图）

采用背景复杂程度衡量指标对上述场景进行分析，结果如表 2.4 所示。由图像一致性和平滑度指标可知，高亮杂波干扰场景包含各种复杂的地形和人造建筑等，图像背景区域存在大范围的高亮区域，灰度起伏较大，当目标运动到这些高亮区域附近时，很容易导致目标漏检。

表 2.4　典型高亮杂波干扰场景的统计特性分析结果

序号	灰度方差	平滑度（$\times 10^{-2}$）	熵	图像一致性（$\times 10^{-2}$）
（a）	1541.51	99.94	7.22	0.72
（b）	1575.10	99.93	6.20	0.86
（c）	1921.80	99.95	7.03	0.97
（d）	4107.30	99.98	7.38	0.73

2.1.5 复杂噪声场景

在红外探测系统中，由于成像距离比较远，在获取的图像中通常包含有多种噪声，例如高斯噪声、泊松噪声以及椒盐噪声等，其中椒盐噪声通常表现为高亮点像元，与点目标十分类似；另外，成像器件的故障也可能对图像造成干扰，例如在扫描成像体制下成像过程中若存在盲元或者闪元，会导致图像中出现条状干扰，如图 2.4 所示。其中，图 2.4（a）和（d）分别为典型的泊松噪声和高斯噪声污染的场景，这些噪声随机分布在图像的各个位置，使得目标信噪比降低，目标信号更加微弱；图 2.4（b）为典型的椒盐噪声污染场景，图像包含了很多高亮像元，极易引起虚警；图 2.4（c）中既包含了椒盐噪声，又包含了盲元导致的条状干扰。

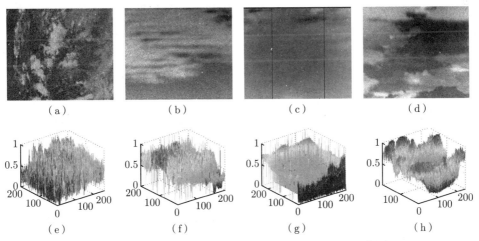

图 2.4 典型复杂噪声场景示意图及三维图像（见文后彩图）

采用背景复杂程度衡量指标对海面场景进行分析，结果如表 2.5 所示，与上述分析一致，噪声干扰场景的平滑度和图像一致性都比较低，但熵值较大，这表明图像灰度变化剧烈，目标检测难度比较大。

表 2.5 典型海面场景的统计特性分析结果

序号	灰度方差	平滑度（$\times 10^{-2}$）	熵	图像一致性（$\times 10^{-2}$）
（a）	1968.52	99.94	7.47	0.64
（b）	1208.04	99.92	7.12	0.88
（c）	1059.12	99.93	6.81	1.07
（d）	3255.33	99.96	7.79	0.49

至此，本书分析了 4 种典型背景杂波类型，红外弱小目标所处的背景十分复杂，这些场景目标检测任务带来的干扰也各不相同。综合而言，红外图像由于成像距离远，图像传输过程中受到杂波干扰，同时成像器件本身也存在电子噪声的干扰，导致图像的纹理信息缺失，因此传统光学图像中根据纹理信息建立模型的方法不再适用，同时图像的杂波形状不一，例如变幻莫测的云层和形状各异的人造建筑物，无法采用有效的描述子去刻画这些形状特征。另外，图像不同区域的边缘通常很模糊，没有明显界限，灰度起伏较大，导致图像一致性和平滑度较差，因此，需要研究针对复杂背景干扰的红外弱小目标检测算法。

2.2 仿真数据生成方法

在红外弱小目标检测领域，由于数据的敏感性，导致目前可用的开源数据比较少，场景类型较为单一，同时现有的数据场景中有些目标也不符合弱小目标的尺寸范围，例如空天杯数据[95]中有很多序列图像中的目标为有形目标。基于上述考虑，本书在算法的实验验证环节采用仿真数据和实测数据相结合的方式。下面对仿真数据的生成方法进行介绍。

本书的仿真数据将真实图像序列的背景作为底图，添加利用双线性插值方法对真实目标进行尺寸缩放后的仿真目标，生成仿真图像。设一个真实目标尺寸为 $m \times n$，将其缩放为 $\lceil \alpha m \rceil \times \lceil \alpha n \rceil$，其中 α 表示缩放系数，$\lceil \cdot \rceil$ 表示向上取整。例如给定目标尺寸为 5×4，取

$$\alpha \in \left(\frac{2}{\min(m,n)}, \frac{2}{\min(m,n)}, \frac{3}{\min(m,n)}, \cdots, \frac{8}{\min(m,n)} \right) \quad (2.5)$$

由此可以得到 7 种尺寸的目标，它们的尺寸分别为 3×2、4×3、5×4、7×5、8×6、9×7、10×8，其中尺寸为 5×4 的目标就是原目标，仿真目标图像 f_T 如图 2.5 所示。

然后采用文献 [70] 的方法将仿真目标 f_T 叠加到原始背景图像 f_B，具体定义如下：

$$f_D(x,y) = \begin{cases} \max(pT_r(x-x_0, y-y_0), f_B(x,y)), \\ \quad x \in (1+x_0, \alpha m + x_0), y \in (1+y_0, \alpha n + y_0) \\ f_B(x,y), \quad \text{其他} \end{cases} \quad (2.6)$$

式中，T_r 表示上述利用双线性插值法将原始目标大小进行缩放的操作；(x_0, y_0) 表示在背景图像中随机选取的目标区域的左上角的像素位置；p 是在 $[h, 255]$ 上

选取的随机数,其中 h 为原始背景图像的灰度最大值。最后采用高斯模糊函数对图像进行模糊处理使得目标区域更加逼真,模糊处理后目标图像尺寸会比原本的尺寸更小,最终得到的仿真图像如图 2.6 所示。

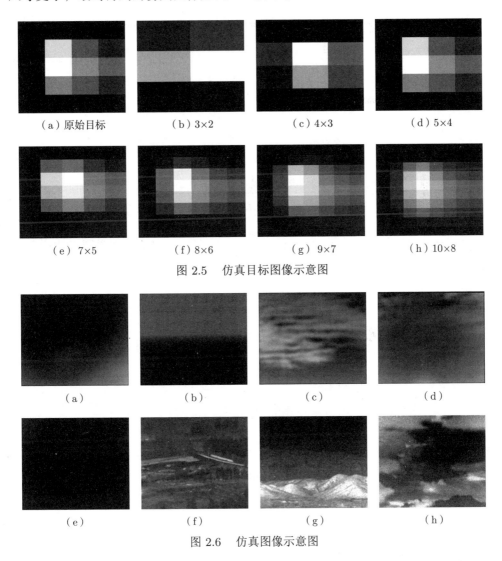

（a）原始目标　　（b）3×2　　（c）4×3　　（d）5×4

（e）7×5　　（f）8×6　　（g）9×7　　（h）10×8

图 2.5　仿真目标图像示意图

（a）　　（b）　　（c）　　（d）

（e）　　（f）　　（g）　　（h）

图 2.6　仿真图像示意图

2.3　评价指标

该节将介绍红外弱小目标检测算法性能定量分析的常用评价指标,以便在后续章节中使用。在介绍评价指标的定义之前,为了方便指标的计算,首先定义红外弱小目标区域及局部背景邻域[77]：设目标区域大小为 $a \times b$，它的局部背景邻域大小为 $(a+2d) \times (b+2d)$，其中，d 为背景邻域宽度，本书中 $d=20$，如图 2.7 所示。

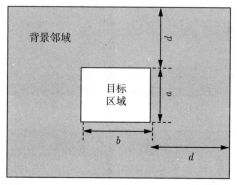

图 2.7　红外弱小目标及局部背景邻域示意图

局部信噪比增益（local signal-to-noise ratio gain，LSNRG）是用于评价算对目标在局部背景邻域的信噪比增益的指标，其定义为[83]

$$\text{LSNRG} = \frac{\text{LSNR}_{\text{out}}}{\text{LSNR}_{\text{in}}} \tag{2.7}$$

式中，LSNR_{out} 和 LSNR_{in} 分别表示算法处理前后的局部信噪比（local singal-to-noise ratio，LSNR），其中 LSNR 定义为

$$\text{LSNR} = \frac{P_{\text{T}}}{P_{\text{B}}} \tag{2.8}$$

式中，P_{T} 和 P_{B} 分别表示目标区域和邻域背景区域的像素的最大灰度值。

背景抑制因子（background suppression factor，BSF）是用于评价算法对背景杂波的抑制能力，其定义为

$$\text{BSF} = \frac{\sigma_{\text{in}}}{\sigma_{\text{out}}} \tag{2.9}$$

式中，σ_{in} 和 σ_{out} 分别表示采用背景邻域算法处理前后的标准差。

信杂比增益（signal-to-clutter ratio gain，SCRG）是用于评价目标显著程度的指标，其定义为

$$\text{SCRG} = \frac{\text{SCR}_{\text{out}}}{\text{SCR}_{\text{in}}} \tag{2.10}$$

其中 SCR 定义为[76]

$$\mathrm{SCR} = \frac{|\mu_t - \mu_b|}{\sigma_b} \tag{2.11}$$

式中，μ_t 表示目标区域的灰度均值；μ_b 和 σ_b 分别表示邻域背景的均值和标准差。

当背景邻域的杂波和干扰被处理算法彻底抑制，即该区域的灰度值基本为零或者很小时，上述 3 个指标都可能出现趋近无穷大（infinity，以下简称 Inf）的现象[83]，所以本书还引入另一个指标——对比度增益（contrast gain, CG）。它可用于评价算法扩大背景与弱小目标灰度差的能力，其定义为[88]

$$\mathrm{CG} = \frac{\mathrm{CON}_{\mathrm{out}}}{\mathrm{CON}_{\mathrm{in}}} \tag{2.12}$$

式中，$\mathrm{CON}_{\mathrm{in}}$ 和 $\mathrm{CON}_{\mathrm{out}}$ 分别表示采用算法处理前后的灰度对比度（contrast, CON），其定义如下：

$$\mathrm{CON} = |\mu_t - \mu_b| \tag{2.13}$$

一般来说，以上指标的值越大表示算法的背景抑制能力越强，目标更容易被正确检测。但是需要指出的是，这 4 个指标只能衡量算法对目标局部背景邻域的干扰抑制能力。

最后，为了从全局角度客观评价算法的性能，需要引入最重要的两个指标，它们分别是检测概率（probability of detection, P_d）和虚警概率（false-alarm rate, F_a），分别定义如下[96]：

$$P_\mathrm{d} = \frac{\mathrm{TD}}{\mathrm{AT}} \tag{2.14}$$

$$F_\mathrm{a} = \frac{\mathrm{FD}}{\mathrm{NP}} \tag{2.15}$$

式中，TD（true detection）和 FD（false detection）分别表示正确检测的目标个数和虚警个数；AT（amount of target）和 NP（number of pixels）分别表示目标总个数和总像素个数。基于 P_d 和 F_a，可以引入被测试者操作特征（receiver operation characteristic, ROC）曲线，ROC 曲线能够描述不同虚警概率下的检测概率的变化趋势。

另外，本书判断一个区域是否为正确目标区域像素的准则是它必须同时满足两个条件：①该区域和真实目标区域必须有重叠像素；②该区域和真实目标区域的中心像素位置相差不能超过一个阈值，这个阈值通常设置为 3 个像素[77]；否则，判定为虚警。

2.4 低秩和稀疏重构恢复

近年来,在红外弱小目标检测领域,基于低秩和稀疏重构恢复理论的方法开始崭露头角,这类方法从数据结构的角度挖掘红外弱小目标的特征,取得了较好的目标检测性能,尤其是在高维结构中该类方法的性能显著优于传统方法。

目前,很多应用场景中数据都是以非常高维的张量结构存在,例如视频序列分析、高光谱图像处理、图像检索、网页搜索和经济趋势预测等,而探索高维张量空间的低维和稀疏结构对提高数据处理效率和挖掘数据内部联系显得尤为重要,得到了越来越多学者的关注[97-102]。在红外弱小目标检测领域,单帧的 IPI 方法或者序列红外图像实质上也是高维数据,而背景的自相关性使得背景分量通常满足低秩性,相较于背景只占很少像素比例的目标具有稀疏性,可以视为灰度值较大的离异值。因此,对弱小目标的检测问题可以转化为稀疏分量的非零元素的定位问题,可以采用 RPCA 方法对目标和背景进行分离。本节作为背景知识,首先介绍了矩阵和张量空间的基本数学理论,然后介绍了低秩和稀疏重构恢复问题中的基本数学模型和常用优化方法。

2.4.1 预备知识

下面介绍一些矩阵的范数定义。对于给定矩阵 $\boldsymbol{A} \in \mathbb{R}^{m \times n}$,其 l_0 范数表示 $\boldsymbol{A}$ 中的非零元素个数;l_1 范数为矩阵所有元素的绝对值之和;弗罗贝尼乌斯(Frobenius)范数定义为

$$\|\boldsymbol{A}\|_F = \sqrt{\sum_{i=1}^{m}\sum_{j=1}^{n} a_{ij}^2} \tag{2.16}$$

其中,a_{ij} 为 $\boldsymbol{A}$ 的第 i 行、第 j 列元素。

设矩阵的奇异值分解(singular value decomposition,SVD)为 $\boldsymbol{A} = \boldsymbol{U}\boldsymbol{\Sigma}\boldsymbol{V}^*$,其中 $\boldsymbol{\Sigma} = \mathrm{diag}(\{\sigma_i\})$,$i = 1, 2, \cdots, r$ 为奇异值,那么 $\boldsymbol{A}$ 的谱范数定义为它最大的奇异值,即

$$\|\boldsymbol{A}\| = \max_i \sigma_i \tag{2.17}$$

核范数定义为它的所有奇异值之和,即

$$\|\boldsymbol{A}\|_* = \sum_{i=1}^{r} \sigma_i \tag{2.18}$$

矩阵的秩定义为其列向量张成的空间的维度，记为 rank($\boldsymbol{A}$)；而矩阵的稀疏程度可以用它的 l_0 范数描述，当一个矩阵满足 $\frac{\|\boldsymbol{A}\|_0}{m \times n} \leqslant \delta$ 时，它就可以认为具有稀疏性，其中 δ 通常是一个很小的值，用来衡量矩阵的稀疏程度。红外弱小目标通常只占据整幅图像很小的一部分，所以目标检测问题可以转化为如何定位稀疏矩阵的非零元素。

传统的二维矩阵分析方法会破坏高维数据的内部联系，因此研究基于张量空间的数据分析方法具有十分重要的研究价值。本书主要针对三维的张量空间数据进行稀疏重构和低秩恢复，所以接下来对张量的一些基本定义和运算进行介绍，包含了张量的范数和秩等相关定义，方便后续章节的模型建立。

1）张量

一个三维张量可以表示为 $\boldsymbol{\mathcal{A}} \in \mathbb{R}^{n_1 \times n_2 \times n_3}$，张量中的第 (i, j, k) 个元素可以表示为 $\boldsymbol{\mathcal{A}}_{ijk}$ 或者 a_{ijk}。

2）纤维（fibre）

纤维是指从张量中抽取向量的操作。固定张量的其他两个维度，只保留一个维度的变化，可以得到向量，这个向量即为张量的纤维。例如对三阶张量 $\boldsymbol{\mathcal{A}}$ 分别按照 n_1，n_2，n_3 三个维度进行纤维操作可以得到三个维度的纤维，分别记为模-1、模-2 和模-3 纤维，如图 2.8 所示。

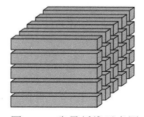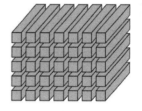

图 2.8　张量纤维示意图

3）切片（slice）

切片操作是指在张量中抽取矩阵的操作，在张量中如果保留两个维度变化，其他的维度不变可以得到一个矩阵，这个矩阵即为张量的切片，将三维张量 $\boldsymbol{\mathcal{A}}$ 沿水平方向、侧面方向和正面方向进行切片操作，如图 2.9 所示，$\boldsymbol{\mathcal{A}}$ 的第 i 个水平切片和侧面切片分别表示为 $\boldsymbol{\mathcal{A}}(:, i, :)$ 和 $\boldsymbol{\mathcal{A}}(:, :, i)$，而第 i 个正面切片表示为 $\boldsymbol{\mathcal{A}}(i, :, :)$ 或者 $\boldsymbol{A}^{(i)}$。

4）矩阵展开和张量折叠

矩阵展开和张量折叠是一对逆操作，其中张量的矩阵展开（unfolding）操作

是将 N 阶张量的模-n 的纤维进行重新排列得到一个矩阵的过程。如图 2.10 所示，对一个三阶张量 $\mathcal{A}$ 可以分别按照 n_1，n_2，n_3 三个维度进行展开。在本书中，我们将 $\mathcal{A}$ 按照 n_2 的矩阵展开操作定义为 unfold$(\cdot)$，其展开的矩阵维度为 $n_2 \times (n_1 n_3)$，即

$$\text{unfold}(\mathcal{A}) = \begin{bmatrix} \boldsymbol{A}^{(1)} \\ \boldsymbol{A}^{(2)} \\ \vdots \\ \boldsymbol{A}^{(n_3)} \end{bmatrix}, \quad \text{fold}(\text{unfold}(\mathcal{A})) = \mathcal{A} \tag{2.19}$$

其中，fold$(\cdot)$ 表示张量折叠操作，是矩阵展开的逆操作。

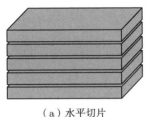  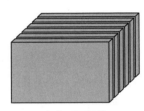

（a）水平切片　　　　　（b）侧面切片　　　　　（c）正面切片

图 2.9　张量切片示意图

5）内积

对于给定的复数域张量 $\mathcal{A} \in \mathbb{C}^{n_1 \times n_2 \times n_3}$ 和 $\mathcal{B} \in \mathbb{C}^{n_1 \times n_2 \times n_3}$，它们的内积定义为

$$\langle \mathcal{A}, \mathcal{B} \rangle = \sum_{i=1}^{n_3} \langle \boldsymbol{A}^{(i)}, \boldsymbol{B}^{(i)} \rangle \tag{2.20}$$

其中，矩阵 $\boldsymbol{A}$ 和 $\boldsymbol{B}$ 的内积定义为 $\langle \boldsymbol{A}, \boldsymbol{B} \rangle = \text{Tr}(\boldsymbol{A}^*\boldsymbol{B})$。

6）共轭与共轭转置

复数域张量 $\mathcal{A} \in \mathbb{C}^{n_1 \times n_2 \times n_3}$ 的共轭 conj$(\mathcal{A})$ 是对其每一个输入元素取它的复数共轭；而 $\mathcal{A}$ 的共轭转置 $\mathcal{A}^* \in \mathbb{C}^{n_1 \times n_2 \times n_3}$ 是对原张量的每一个正面切片取共轭转置，然后从第二个正面切片到第 n_3 个正面切片进行逆序排列（第一张正面切片位置不变）。例如给定张量 $\mathcal{A} \in \mathbb{C}^{n_1 \times n_2 \times 4}$，它的四个正面切片分别为 $\boldsymbol{A}^{(1)}$，$\boldsymbol{A}^{(2)}$，$\boldsymbol{A}^{(3)}$，$\boldsymbol{A}^{(4)}$，那么它的共轭转置为

$$\mathcal{A}^* = \text{fold}\left(\begin{bmatrix} (\boldsymbol{A}^{(1)})^* \\ (\boldsymbol{A}^{(2)})^* \\ (\boldsymbol{A}^{(3)})^* \\ (\boldsymbol{A}^{(4)})^* \end{bmatrix}\right)$$

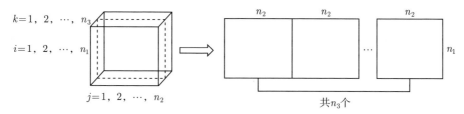

(a) 按照n_1维度展开

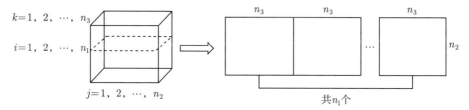

(b) 按照n_2维度展开

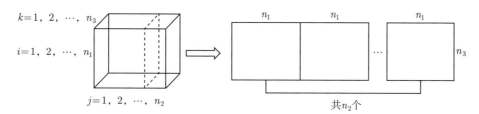

(c) 按照n_3维度展开

图 2.10 张量的矩阵展开示意图

7) l_0 范数、l_1 范数及弗罗贝尼乌斯范数

张量 $\mathcal{A}$ 的 l_0 范数 $\|\mathcal{A}\|_0$ 定义为 $\mathcal{A}$ 的所有非零元素的个数；其 l_1 范数定义为

$$\|\mathcal{A}\|_1 = \sum_{ijk} |a_{ijk}| \tag{2.21}$$

$\mathcal{A}$ 的弗罗贝尼乌斯范数定义为

$$\|\mathcal{A}\|_F = \sqrt{\sum_{ijk} |a_{ijk}|^2} \tag{2.22}$$

8）张量乘积

在介绍张量乘积之前，首先需要引入张量在频域的一些重要性质，这些性质对后续的张量奇异值分解和核范数具有重要作用。给定向量 $\boldsymbol{a} \in \mathbb{R}^n$，它的离散傅里叶变换（discrete Fourier transformation，DFT）为 $\bar{\boldsymbol{a}} \in \mathbb{C}^n$，定义如下

$$\bar{\boldsymbol{a}} = \boldsymbol{F}_n \boldsymbol{a} \tag{2.23}$$

其中，$\boldsymbol{F}_n \in \mathbb{C}^{n \times n}$ 表示离散傅里叶变换矩阵，定义为

$$\boldsymbol{F}_n = \begin{bmatrix} 1 & 1 & \cdots & 1 \\ 1 & \omega & \cdots & \omega^{n-1} \\ \vdots & \vdots & & \vdots \\ 1 & \omega^{n-1} & \cdots & \omega^{(n-1)(n-1)} \end{bmatrix} \tag{2.24}$$

其中，$\omega = e^{-\frac{2\pi i}{n}}$ 表示第 n 个本原单位根，i 满足 $i = \sqrt{-1}$。由此可知 $\boldsymbol{F}_n/\sqrt{n}$ 是一个正交矩阵，满足：

$$\boldsymbol{F}_n^* \boldsymbol{F}_n = \boldsymbol{F}_n \boldsymbol{F}_n^* = n \boldsymbol{I}_n \tag{2.25}$$

所以可知 $\boldsymbol{F}_n^{-1} = \boldsymbol{F}_n^*/n$。相较于 DFT 操作，快速傅里叶变换（fast Fourier transform，FFT）操作具有更高的效率，即 $\bar{\boldsymbol{a}} = \text{fft}(\boldsymbol{a})$，FFT 运算的循环矩阵定义为

$$\text{circ}(\boldsymbol{a}) = \begin{bmatrix} a_1 & a_n & \cdots & a_2 \\ a_2 & a_1 & \cdots & a_3 \\ \vdots & \vdots & & \vdots \\ a_n & a_{n-1} & \cdots & a_1 \end{bmatrix} \in \mathbb{R}^{n \times n} \tag{2.26}$$

而循环矩阵可以被映射到一个傅里叶域的对角矩阵，即

$$\boldsymbol{F}_n \cdot \text{circ}(\boldsymbol{a}) \cdot \boldsymbol{F}_n^{-1} = \text{diag}(\bar{\boldsymbol{a}}) \tag{2.27}$$

其中，$\text{diag}(\bar{\boldsymbol{a}})$ 表示以 $\bar{a}_i$ 为对角元素的对角矩阵。同时，$\bar{\boldsymbol{a}}$ 具有一个重要性质，即

$$\bar{a}_1 \in \mathbb{R}, \ \text{conj}(\bar{a}_i) = \bar{a}_{n-i+2}, \ i = 2, 3, \cdots, \left\lfloor \frac{n+1}{2} \right\rfloor \tag{2.28}$$

上述性质对提高张量的计算效率具有重要作用，会在后续章节提到。接下来对张量的 FFT 操作进行定义，给定张量 $\boldsymbol{\mathcal{A}} \in \mathbb{R}^{n_1 \times n_2 \times n_3}$，定义它沿第三个维度

的快速傅里叶变换为 $\overline{\mathcal{A}} \in \mathbb{C}^{n_1 \times n_2 \times n_3}$，记为 $\overline{\mathcal{A}} = \text{fft}(\mathcal{A}, [\,], 3)$，也可以通过离散傅里叶逆变换求得 $\mathcal{A}$，即 $\mathcal{A} = \text{ifft}(\overline{\mathcal{A}}, [\,], 3)$。类似地，可以定义张量的块对角矩阵，该矩阵的第 i 个对角块由 $\overline{\mathcal{A}}$ 的正面切片 $\overline{\mathbf{A}}^{(i)}$ 组成，即

$$\overline{\mathbf{A}} = \text{bdiag}(\overline{\mathcal{A}}) = \begin{bmatrix} \overline{\mathbf{A}}^{(1)} & & & \\ & \overline{\mathbf{A}}^{(2)} & & \\ & & \ddots & \\ & & & \overline{\mathbf{A}}^{(n_3)} \end{bmatrix} \tag{2.29}$$

其中，$\text{bdiag}(\cdot)$ 表示将张量 $\overline{\mathcal{A}}$ 转化为相应的对角块矩阵 $\overline{\mathbf{A}}$。与 FFT 操作相同，可以定义张量 $\mathcal{A}$ 的块循环矩阵（block circulant matrix）如下：

$$\text{bcirc}(\mathcal{A}) = \begin{bmatrix} \mathbf{A}^{(1)} & \mathbf{A}^{(n_3)} & \cdots & \mathbf{A}^{(2)} \\ \mathbf{A}^{(2)} & \mathbf{A}^{(1)} & \cdots & \mathbf{A}^{(3)} \\ \vdots & \vdots & & \vdots \\ \mathbf{A}^{(n_3)} & \mathbf{A}^{(n_3-1)} & \cdots & \mathbf{A}^{(1)} \end{bmatrix} \tag{2.30}$$

上述矩阵的维度为 $n_1 n_3 \times n_2 n_3$，由式(2.25)的性质可知，张量的块循环矩阵也可以被映射到一个傅里叶域的块对角矩阵，即

$$(\mathbf{F}_{n_3} \otimes \mathbf{I}_{n_1}) \cdot \text{bcirc}(\mathcal{A}) \cdot (\mathbf{F}_{n_3}^{-1} \otimes \mathbf{I}_{n_2}) = \overline{\mathbf{A}} \tag{2.31}$$

其中，$\otimes$ 表示克罗内克积（kronecker product），由式(2.28)的性质可知，$\overline{\mathbf{A}}^{(i)}$ 也满足以下性质[103]：

$$\begin{cases} \overline{\mathbf{A}}^{(1)} \in {}^{n_1 \times n_2} \\ \text{conj}(\overline{\mathbf{A}}^{(i)}) = \overline{\mathbf{A}}^{(n_3-i+2)}, \ i = 2, \ 3, \ \cdots, \ \left\lfloor \dfrac{n_3+1}{2} \right\rfloor \end{cases} \tag{2.32}$$

给定张量 $\mathcal{A} \in \mathbb{C}^{n_1 \times n_2 \times n_3}$ 和 $\mathcal{B} \in \mathbb{C}^{n_1 \times l \times n_3}$，它们的张量乘积 $\mathcal{C}$ 定义为

$$\mathcal{C} = \mathcal{A} * \mathcal{B} = \text{fold}(\text{bcirc}(\mathcal{A}) \cdot \text{unfold}(\mathcal{A})) \tag{2.33}$$

$\mathcal{C}$ 的大小为 $n_1 \times l \times n_3$。张量的乘积类似于矩阵乘法，它的不同在于它采用循环卷积代替了矩阵元素之间的乘法运算，当 $n_3 = 1$ 时，张量乘积与矩阵乘法等价。

9) 单位张量、正交张量以及 f 对角张量

与矩阵空间类似，在张量空间中，若一个张量 $\mathcal{I} \in \mathbb{R}^{n \times n \times n_3}$ 的第一个正面切片为 $n \times n$ 的单位矩阵，同时其余正面切片均为零，该张量就被称为单位张量，满

足 $\mathcal{I}*\mathcal{A}=\mathcal{A}$ 和 $\mathcal{A}*\mathcal{I}=\mathcal{A}$；若张量 $\mathcal{Q}$ 满足 $\mathcal{Q}*\mathcal{Q}^{*}=\mathcal{Q}^{*}*\mathcal{Q}=\mathcal{I}$，则 $\mathcal{Q}$ 是正交张量；若张量 $\mathcal{Q}$ 的每一个正面切片都是对角矩阵，那么该张量就称为 f 对角张量。

10）张量奇异值分解和瘦形张量奇异值分解

给定一个张量 $\mathcal{A}\in\mathbb{C}^{n_1\times n_2\times n_3}$，它的奇异值分解即张量奇异值分解（tensor singular value decomposition，T-SVD）可以表示为

$$\mathcal{A}=\mathcal{U}*\mathcal{S}*\mathcal{V}^{*} \tag{2.34}$$

其中，$\mathcal{U}\in\mathbb{R}^{n_1\times n_1\times n_3}$ 和 $\mathcal{V}\in\mathbb{R}^{n_2\times n_2\times n_3}$ 是正交张量；$\mathcal{S}\in\mathbb{R}^{n_1\times n_2\times n_3}$ 是对角张量，如图 2.11 所示。由于张量的核范数只与 $\mathcal{S}$ 的第一个正面切片的对角线元素 $\mathcal{S}(:,:,1)$ 有关，所以 $\mathcal{S}(:,:,1)$ 也被称为张量 $\mathcal{A}$ 的特征值，张量的特征值与矩阵的特征值类似，也满足降序排列顺序，即

$$\mathcal{S}(1,1,1)\geqslant\mathcal{S}(2,2,1)\geqslant\cdots\geqslant\mathcal{S}(n_{(2)},n_{(2)},1)\geqslant 0$$

其中，$n_{(2)}=\min(n_1,n_2)$。该性质的证明可以由离散傅里叶逆变换推导得到：

$$\mathcal{S}(i,i,1)=\frac{1}{n_3}\sum_{j=1}^{n_3}\bar{\mathcal{S}}(i,i,j) \tag{2.35}$$

其中，$\bar{\mathcal{S}}(:,:,j)$ 的所有对角元素是矩阵 $\bar{\mathcal{A}}(:,:,j)$ 的奇异值，满足降序排列。

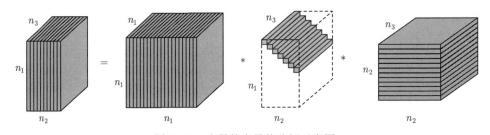

图 2.11　张量的奇异值分解示意图

另外，张量 $\mathcal{A}\in\mathbb{C}^{n_1\times n_2\times n_3}$ 的奇异值分解还有另一种形式，称为瘦形张量奇异值分解（skinny T-SVD）[104]，定义如下：

$$\mathcal{A}=\mathcal{U}_s*\mathcal{S}_s*\mathcal{V}_s^{*} \tag{2.36}$$

其中，$\mathcal{U}_s=(:,1:r,:)$；$\mathcal{S}_s=(1:r,1:r,:)$；$\mathcal{V}_s=(:,1:r,:)$，$r$ 表示张量的管道秩，其定义见式(2.37)。

11）张量的管道秩

设张量 $\mathcal{A} \in \mathbb{C}^{n_1 \times n_2 \times n_3}$ 的奇异值分解为 $\mathcal{A} = \mathcal{U} * \mathcal{S} * \mathcal{V}^*$，那么张量 $\mathcal{A}$ 的管道秩（tensor tubal rank）定义为 $\mathcal{S}$ 中非零管道的个数，表示为

$$\mathrm{rank}_t(\mathcal{A}) = \#\{i,\ \mathcal{S}(i,\ i,\ :) \neq 0\} \tag{2.37}$$

12）张量的核范数

给定张量 $\mathcal{A} \in \mathbb{R}^{n_1 \times n_2 \times n_3}$，它的奇异值分解为 $\mathcal{A} = \mathcal{U} * \mathcal{S} * \mathcal{V}^*$，则其核范数定义为

$$\begin{aligned} \|\mathcal{A}\|_* &= \langle \mathcal{S},\ \mathcal{I} \rangle = \sum_{i=1}^{r} \mathcal{S}(i,\ i,\ 1) \\ &= \frac{1}{n_3} \sum_{i=1}^{r} \sum_{j=1}^{n_3} \bar{\mathcal{S}}(i,\ i,\ j) \end{aligned} \tag{2.38}$$

其中，$r = \mathrm{rank}_t(\mathcal{A})$。

2.4.2 低秩和稀疏重构恢复

探索高维数据结构中的低秩表达对数据分析和降低维度有重要的研究价值，早在 1901 年，Pearson 就提出了经典的 PCA 方法，该方法计算高效，被广泛应用于计算机视觉、自然语言处理以及统计学等领域。尽管 PCA 方法对小的噪声点也具有一定的鲁棒性，但是当出现严重噪声或者单像素的大离异值时，该方法的性能会急剧下降，导致主成分分析的解与真实的解相差甚远。为了解决这个问题，后续有很多学者提出了改进的 PCA 方法，但是计算代价都很大。直至 Candes 等人提出了 RPCA 方法[78]，该方法在数学上严格推导了精准恢复的条件，大大提高了对噪声的鲁棒性。给定一个二维矩阵 $\boldsymbol{X} \in \mathbb{R}^{n_1 \times n_2}$，根据鲁棒主成分分析方法理论，它可以被分解为一个低秩矩阵 $\boldsymbol{L}_0$ 和一个稀疏矩阵 $\boldsymbol{E}_0$ 的和，如图 2.12 所示，即

$$\boldsymbol{X} = \boldsymbol{L}_0 + \boldsymbol{E}_0 \tag{2.39}$$

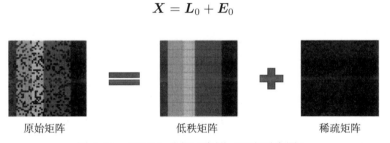

图 2.12　RPCA 分解示意图（见文后彩图）

当矩阵 L_0 的奇异值向量满足特定的非相干性条件时,式(2.39)中的低秩部分和稀疏部分可以通过求解以下优化问题精准恢复:

$$\min_{L,E}(\|L\|_* + \lambda\|E\|_1), \quad \text{s.t.} \quad X = L + E \tag{2.40}$$

其中,λ 表示低秩部分和稀疏部分的平衡系数,通常设为 $\lambda=1/\sqrt{\max(n_1,n_2)}$。理论上而言,矩阵 L_0 的秩即使随着矩阵维度增长而线性增大时,RPCA 方法也能有效,该方法被广泛运用于子空间聚类[99,105]和视频压缩感知[106]等领域。

RPCA 方法的不足之处在于其只能针对二维矩阵进行处理,所以很多基于 RPCA 的方法为了对三维数据进行处理,只能先将高维数据重构成二维矩阵,例如在红外弱小目标检测领域中,先利用 IPI 方法将每一个图像块展开成一个向量,再将所有向量构建成一个矩阵;而 MRF-MoG 方法[88]尽管利用了红外序列的时域信息,但是它也是将序列中的每一帧图像的图像块先展开成一个向量,再构建成一个矩阵进行处理,这些方法都会破坏高维数据的内在联系,导致信息损失和性能下降。因此,研究基于张量空间的 RPCA 方法对提升低秩和稀疏恢复的精度具有很重要的意义。

设张量 $\mathcal{X} \in \mathbb{R}^{n_1 \times n_2 \times n_3}$,根据 RPCA 理论,它可以被分解为一个低秩张量 $\mathcal{L}_0$ 与一个稀疏张量 $\mathcal{E}_0$ 的和,如图所示 2.13,即

$$\mathcal{X} = \mathcal{L}_0 + \mathcal{E}_0 \tag{2.41}$$

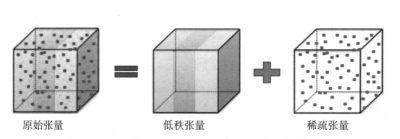

原始张量　　　　低秩张量　　　　稀疏张量

图 2.13　张量 RPCA 分解示意图(见文后彩图)

由于很难找到紧凑的凸松弛对张量的秩进行描述,所以将 RPCA 方法扩展到张量空间并不容易,很多学者陆续提出了几种张量秩的定义及其凸松弛表达,但每种定义都有其局限性。其中,比较具有代表性的有 Kolda 提出的 CP 分解(canonical polyadic decomposition)[107],CP 分解是将一个高维的张量分解成多个核的和,每个核由向量的外积组成,也就是多个"秩 1 张量"(rank-one tensor)的和,而秩 1 张量是一种特殊的张量类型,一个 N 阶的秩 1 张量可以由 N 个向量

的外积表示。CP 分解通常是一个非确定性多项式（non-deterministic Polynomial，NP）求解问题，求解过程十分复杂；另一种应用更加广泛的方法是 Tucker 秩和 Tucker 分解[107]，Tucker 分解将一个张量分解成一个核张量与每一维矩阵的乘积，其中核张量表示每一维成分之间的联系。下面介绍 Tucker 秩的定义。

对于一个 N 阶张量 $\mathcal{X}$，它的 Tucker 秩是一个向量，定义为

$$\mathrm{rank}_{\mathrm{tc}}(\mathcal{X}) = (\mathrm{rank}(\boldsymbol{X}^{\{1\}}), \mathrm{rank}(\boldsymbol{X}^{\{2\}}), \ldots, \mathrm{rank}(\boldsymbol{X}^{\{N\}})) \tag{2.42}$$

其中，$\boldsymbol{X}^{\{i\}}$ 表示张量的 mode-i 展开矩阵。由上述定义可知，Tucker 秩实质上还是基于矩阵的秩，它采用核范数之和（sum of nuclear norms，SNN）[108]作为所有模展开矩阵的秩之和的凸包络，而 SNN 定义为 $\sum_i \mathrm{rank}(\boldsymbol{X}^{\{i\}})$，进一步 Huang[109]基于 SNN 提出了张量的 RPCA 模型如下：

$$\min_{\mathcal{L}, \mathcal{E}} \left(\sum_{i=1}^{N} \lambda_i \|\boldsymbol{L}^{\{i\}}\|_* + \|\mathcal{E}\|_1 \right), \quad \mathrm{s.t.} \ \mathcal{X} = \mathcal{L} + \mathcal{E} \tag{2.43}$$

但是 SNN 并不是一个紧凑的 Tucker 秩的凸松弛[110]，因为 Tucker 秩本质是将张量展开为矩阵然后应用矩阵中的分析方法，所以上述模型求解得到的解也是次优的。因此，Lu 基于张量的乘积运算提出了一种张量核范数的定义[111]，并提出了新的基于张量的 RPCA 分解模型（tensor RPCA，TRPCA），表示为

$$\min_{\mathcal{L}, \mathcal{E}} (\|\mathcal{L}\|_* + \lambda \|\mathcal{E}\|_1), \quad \mathrm{s.t.} \ \mathcal{X} = \mathcal{L} + \mathcal{E} \tag{2.44}$$

其中，$\lambda = 1/\sqrt{\max(n_1, n_2) n_3}$。文献 [111] 中经过严格的数学理论推导保证了 TRPCA 的有效性，另外可以注意到，当 $n_3 = 1$ 时，TRPCA 与二维矩阵的 RPCA 等价，即矩阵的 RPCA 是 TRPCA 的一个特例，同时该模型可以通过交替方向乘子法（alternating direction method of multipliers，ADMM）[112]进行求解。

2.4.3 常用优化方法

下面对本书数学模型中最常用的两种优化方法进行简要介绍，包括增广拉格朗日方法（augmented Lagrangian method，ALM）[113] 和交替方向乘子法（ADMM）[112]。

1）ALM

ALM 可用于解决等式约束条件下的优化问题，该方法在目标函数中引入惩罚项和拉格朗日乘子项，从而将原始问题转换为无约束的优化问题，与传统的朴

素拉格朗日方法相比，它在原有方法的基础上增加了对松弛函数 f 的强凸约束和对偶上升法，使转换后的问题更便于求解，得到的解具有一定的鲁棒性。

设有如下约束条件下的优化问题：

$$\min f(x), \quad \text{s.t. } \varphi(x) = 0 \tag{2.45}$$

其中，$f(x)$ 和 $\varphi(x)$ 分别表示目标函数和约束函数。ALM 方法引入惩罚项 $\frac{\rho}{2}\|\varphi(x)\|^2$ 将上述问题转化为如下形式：

$$L(x, \lambda) = f(x) + \lambda\varphi(x) + \frac{\rho}{2}\|\varphi(x)\|^2 \tag{2.46}$$

其中，惩罚因子 $\rho > 0$；λ 表示拉格朗日因子，算法的更新迭代过程如下：

①假设 λ^k 是当前第 k 次迭代的对偶问题的最优解；

②求解 x^{k+1}：$x^{k+1} = \underset{x}{\arg\min}\, L(x, \lambda^k)$；

③利用梯度上升法求解 λ：$\lambda^{k+1} = \lambda^k + \alpha \cdot \left.\dfrac{\partial L(x, \lambda)}{\partial \lambda}\right|_{x=x^{k+1},\ \lambda=\lambda^k}$

2）ADMM

ADMM 实质上是 ALM 在处理包含多个项的目标函数的一种推广，它的中心思想是采用部分项交替迭代更新的方式对目标函数进行优化，在压缩感知领域得到了广泛应用。

设有如下优化问题：

$$\min f(x) + g(z), \quad \text{s.t.} Ax + Bz = c \tag{2.47}$$

上述问题的增广拉格朗日形式为

$$L_\rho(x, z, \lambda) = f(x) + g(z) + y^{\mathrm{T}}(Ax + Bz - c) + \frac{\rho}{2}\|Ax + Bz - c\|_2^2 \tag{2.48}$$

其中，y 为拉格朗日乘子。在上述目标函数包含两个变量 x 和 z 时，ADMM 将优化问题拆分为两个子问题，首先将变量 z 视为固定值，对变量 x 进行求解；然后交换顺序，固定变量 x 的值，对变量 z 进行求解，再判断收敛条件，若满足收敛条件，则输出最终的 x 和 z，否则重复上述迭代更新过程。其迭代步骤如下：

①求解 x^{k+1}：$x^{k+1} = \underset{x}{\arg\min}\, L_\rho(x, z^k, \lambda^k)$；

②求解 z^{k+1}：$z^{k+1} = \underset{z}{\arg\min}\, L_\rho(x^{k+1}, z, \lambda^k)$；

③更新 λ^k：$\lambda^{k+1} = \lambda^k + \rho(Ax^{k+1} + Bz^{k+1} - c)$。

2.5 本章小结

本章首先对四种红外弱小目标检测的经典场景进行了定性和定量的分析，由结果可知，在噪声和杂波干扰下，图像的纹理信息丢失，同时背景区域边缘模糊，还可能包含多个高亮辐射源，这些都对目标的检测造成了很大的困难。然后，本章介绍了矩阵和张量空间中的一些基本定义和运算，为后续数学模型的建立打下基础。最后，本章还介绍了低秩和稀疏重构恢复问题的基本数学模型和优化方法，这些内容也是后续章节的铺垫。

第3章

基于张量主成分分析的目标检测方法

一般而言，在红外图像中，背景区域通常具有一定的自相关性和连续性，背景的这些特性使其满足低秩性，而相较于背景只占很少像素比例的目标具有稀疏性，可以视为灰度值较大的离异值。因此，对弱小目标的检测问题可以转化为对图像数据稀疏分量中的非零元素的定位问题，可以采用主成分分析方法对目标和背景进行分离。由于这类方法对背景和目标所需的先验信息较少，是基于数据结构关联的方式挖掘目标特征，所以当前基于稀疏性和低秩性重构的目标检测方法在很多红外弱小目标检测场景都取得了较好的效果，能够有效地检测目标和抑制杂波干扰。这一思想最早由 Gao 在 IPI 方法中提出，然后 Dai 及其团队提出了很多改进的算法，包括基于加权红外图像块（weighted IPI，WIPI）的检测方法[79]、基于非负约束下的红外图像块的检测方法[80]和基于重加权红外图像张量块（reweighted IPT，RIPT）的检测方法[83]等。但是上述算法存在如下不足：①在基于全局先验信息的方法中，包括 IPI 方法、WIPI 方法和非负约束的 IPI 方法，它们都是首先将整幅图像转换为数目较多的图像块，然后采用核范数最小化（nuclear norm minimization，NNM）方法对低秩背景部分进行约束求解，当图像背景包含强烈的边缘干扰时，这类方法恢复出来的稀疏目标部分会包含很多边缘残差，有些甚至比目标灰度值更大，从而导致虚警率大大提高，性能下降。这是因为包含边缘干扰的图像块数量与图像块总数相比只占一小部分，所以从全局角度上来看这些强烈边缘干扰与弱小目标一样也具有稀疏性，无法和目标有效地进行区分，这些边缘干扰也称为"稀疏背景结构"的干扰。RIPT 方法通过采用加权的 l_1 范数约束稀疏目标部分来引入局部背景结构的先验信息，从而对一些特定的强烈边缘干扰进行抑制，但是这个方法只能在一定程度上缓解"稀疏背景结构"对目标的干扰。"稀疏背景结构"问题的根本原因在于 NNM 方法仅仅适用于没有强烈边缘干扰的场景，其需要对背景部分进行奇异值分解得到奇异值，其中较大的奇异值表征的就是背景中的强烈边缘，而 NNM 方法采用同样的权值对所有奇异值进行惩罚，导致背景部分的边缘结构无法被完整保存，才会残留在目标图像中，因此应当对不同奇异值赋予不同的权值，从而更加精准地分离背景和目标；②尽管 RIPT 方法将 IPI 方法中的二维矩阵维度扩展到三维的张量空间，同时利用全局和局部的先验信息检测弱小目标，进一步提高了单帧目标检测性能，但是 RIPT 方法采用 SNN[108] 作为张量的所有模展开矩阵的秩之和的凸包络，其定义为 $\sum_i \mathrm{rank}(\boldsymbol{X}^{\{i\}})$，但是 SNN 并不是张量 Tucker 秩 $\sum_i \mathrm{rank}(\boldsymbol{B}^{(i)})$ 的一个紧凑的凸包络[110]，因为 SNN 方法本质是将张量展开为矩阵，然后应用矩阵中的分析方法，所以 RIPT 方法对目标的检测性能可以进一步提升；③上述方法在模型优化求解时都需要大量的矩阵奇异值分解操作，计算量较大。因此，本章针对上述问题，在深入研究张量空间的基础上提出了基于张量加权核范数和重加权红外图像张量块（weighted tensor nuclear norm with RIPT，WNRIPT）的弱小目标检测方法，该方法针对单帧红外图像，在 IPT 模型的基础上采用了加权的张量核范数对低秩背景进行约束，一方面可以从真正意义上的张量维度挖掘图像数据的深层联系，另一方面 WNNM 方法[82]可以有效地解决"稀疏背景结构"的干扰问题，同时 T-SVD 的频域性质也可以大大降低算法的计算量，从而提高算法效率。

此外，为了进一步提高 PCA 方法对低秩和稀疏目标的恢复精度，本书针对红外图像序列提出了 WSNM-STIPT 方法，该方法首先针对 NNM 方法和 WNNM 方法在低秩估计性能的不足定义了 WSNM，同时提出了 STIPT 模型，挖掘红外图像序列的时域和空域信息，有效提高了目标检测性能。

本章内容安排如下：3.1 节介绍了 IPI 模型和 IPT 模型，是本章算法数学模型的基础。3.2 节将张量加权核范数引入 IPT 模型替代原有的 SNN 方法和 NNM 方法，提出了 WNRIPT 模型，并基于交替乘子法和增广拉格朗日优化方法推导了模型求解过程，实现复杂背景下的单帧目标检测算法，同时利用仿真实验验证所提算法的性能。3.3 节将 Schatten-p 范数扩展到张量空间，提出了 WSNM-STIPT 模型，进一步提高低秩背景和稀疏目标的恢复精度，并基于 ADMM 和 ALM 推导了算法求解过程，实现序列目标检测算法，同时利用仿真实验验证所提算法的性能。3.4 节为本章小结。

3.1 红外图像的低秩和稀疏分解模型

本节对红外图像的低秩和稀疏分解模型进行介绍，它们是后续研究的理论基础。一般而言，一幅尺寸为 $m \times n$ 的红外图像可以表示为如下的加性模型：

$$f = f_B + f_T + f_N \tag{3.1}$$

其中，f，f_B，f_T 和 f_N 分别表示原始图像、背景图像、目标图像和噪声部分。

3.1.1 IPI 模型

IPI 模型是由 Gao 提出的一种基于二维矩阵的红外图像低秩和稀疏构建模型[77]，如图 3.1 所示。该模型首先设定一个滑动窗口，然后设定一个滑动步长，再采用滑窗的方式对原始图像按照从左至右、从上至下的顺序进行取值，形成一系列的小图像块，最后将这些图像块分别进行向量化，按列的顺序组成一个新的矩阵。这里值得注意的是，滑动的步长大小取值一般小于滑窗窗口的大小，这样可以增加背景图像块局部的低秩性。

图 3.1 红外图像块模型构建流程示意图

由此，式(3.1)转换为如下形式：

$$F = B + T + N \tag{3.2}$$

其中，F，B，T，N 表示对应的原始矩阵、背景矩阵、目标矩阵和噪声矩阵。

对于大多数场景而言，红外图像的背景变化都比较平缓，而且背景区域通常具有一定的自相关性，所以背景矩阵可以视为低秩矩阵，即

$$\mathrm{rank}(B) \leqslant r \tag{3.3}$$

其中，r 表示背景的复杂程度，r 的值越大表示背景越复杂。

而红外弱小目标尽管尺度会发生变化，但它的尺寸相对于整幅图像而言所占的比例依然很小，所以目标矩阵满足稀疏性，矩阵中的绝大多数元素是零，即

$$\|\boldsymbol{T}\|_0 < k \tag{3.4}$$

其中，$\|\cdot\|_0$ 表示 l_0 范数；k 代表矩阵中非零元素的个数。

在大多数红外图像中，噪声通常假设为加性高斯白噪声，其弗罗贝尼乌斯范数满足 $\|\boldsymbol{N}\|_F \leqslant \delta$。

由此，IPI 模型的红外弱小目标检测模型可以表示为

$$\min_{\boldsymbol{B},\boldsymbol{T}} \|\boldsymbol{B}\|_* + \lambda \|\boldsymbol{T}\|_0, \quad \text{s.t.} \quad \boldsymbol{B}+\boldsymbol{T}=\boldsymbol{F} \tag{3.5}$$

其中，λ 是一个权重参数。

由于本书重点围绕三维张量数据结构展开研究，所以接下来重点介绍 IPT 模型。

3.1.2 IPT 模型

类似于 IPI 模型，IPT 模型同样首先设定一个窗口（大小为 $n_1 \times n_2$）和滑动步长，然后采用滑窗的方式对原始图像按照从左至右、从上至下的顺序进行取值，形成一系列的小图像块，不同的是它将这些图像块按照顺序堆叠构建成三维的张量数据。由此，式(3.1)转换为如下张量形式：

$$\mathcal{F}=\mathcal{B}+\mathcal{T}+\mathcal{N} \tag{3.6}$$

其中，$\mathcal{F}, \mathcal{B}, \mathcal{T}, \mathcal{N} \in \mathbb{R}^{n_1 \times n_2 \times n_3}$ 表示对应的原始张量、背景张量、目标张量和噪声张量，n_1 和 n_2 分别表示张量块的高和宽，n_3 表示张量块的数量。

背景张量 $\mathcal{B}$ 的模-1、模-2 和模-3 展开矩阵都满足低秩性[83]，即所有模展开矩阵的奇异值都迅速减小至零或很小的值。背景张量的模展开矩阵的低秩性可以描述为

$$\text{rank}\left(\mathcal{B}_{(i)}\right) \leqslant r_i \tag{3.7}$$

其中，$r_i(i=1, 2, 3)$ 是一个常数，取决于背景的复杂程度。

而目标张量具有稀疏性，可以描述为

$$\|\mathcal{T}\|_0 \leqslant k \tag{3.8}$$

其中，k 是一个整数，它取决于弱小目标的数量和大小。

噪声张量的弗罗贝尼乌斯范数满足 $\|\mathcal{N}\|_F \leqslant \delta$。由此，IPT 模型的红外弱小目标检测模型可以表示为

$$\min_{\mathcal{B},\mathcal{T}} \|\mathcal{B}\|_* + \lambda \|\mathcal{T}\|_0, \quad \text{s.t.} \quad \mathcal{B}+\mathcal{T}=\mathcal{F} \tag{3.9}$$

其中，λ 是一个权重参数。

对式(3.9)的求解是一个 NP-难问题，难以直接进行求解。所以 RIPT 方法首先采用核范数求和的方法求得背景张量 $\mathcal{B}$ 的核范数的凸包络，即 $\text{CTrank}(\mathcal{B}) = \sum_i \|\mathcal{B}_{(i)}\|_*$，$i=1,2,3$；然后利用目标张量的 l_1 范数 $\|\mathcal{T}\|_1$ 代替原有的 l_0 范数 $\|\mathcal{T}\|_0$，同时为了利用全局和局部的先验信息，对目标张量引入了权重张量 $\mathcal{W}$，包括局部结构权重（local structure weight）张量 $\mathcal{W}_{\text{LS}}$ 稀疏增强权重（sparse enhancing weight）张量 $\mathcal{W}_{\text{SE}}^k$ 两个部分。下面分别对这两个权重的定义进行介绍。

（1）局部结构权重张量

结构张量常被用于估计图像中的局部结构信息，例如在结构边缘的方向，定义为

$$\boldsymbol{J}_\alpha(\nabla f_\sigma) = G_\alpha * (\nabla f_\sigma \otimes \nabla f_\sigma) = \begin{pmatrix} J_{11} & J_{12} \\ J_{21} & J_{22} \end{pmatrix} \tag{3.10}$$

其中，f_σ 表示原始图像 f 进行高斯平滑后的图像，σ 是高斯核的标准差，与图像的噪声有关；$\boldsymbol{J}_\alpha$ 是一个具有对称性质的非负正定矩阵，它的两个特征值分别记为 β_1 和 β_2，定义为[114]

$$\beta_1, \beta_2 = (J_{11}+J_{22}) \pm \sqrt{(J_{22}-J_{11})^2 + 4J_{12}^2} \tag{3.11}$$

β_1 和 β_2 的相对大小关系可以作为局部几何结构信息的描述特征，在平滑区域 $\beta_1 \approx \beta_2 \approx 0$；在边缘区域，$\beta_1 \gg \beta_2 \approx 0$；在角点区域，$\beta_1 \geqslant \beta_2 \gg 0$。所以可以利用 $\beta_1 - \beta_2$ 的差值来判断是否为边缘区域，因为在平滑区域和角点这个值通常都很小。根据式(3.10)和式(3.11)对输入图像 f 的每个像素求解得到两个特征值，构成两个特征值矩阵 $\boldsymbol{L}_1$ 和 $\boldsymbol{L}_2$，然后将其按照滑窗的方法转换为张量形式 $\mathcal{L}_1$ 和 $\mathcal{L}_2$，由此可以定义局部结构权重张量 $\mathcal{W}_{\text{LS}}$ 为

$$\mathcal{W}_{\text{LS}} = \exp\left(h \cdot \frac{(\mathcal{L}_1 - \mathcal{L}_2) - d_{\min}}{d_{\max} - d_{\min}}\right) \tag{3.12}$$

其中，h 表示权重调节参数；$d_{\max}$ 和 $d_{\min}$ 分别表示 $\mathcal{L}_1 - \mathcal{L}_2$ 的最大值和最小值。

（2）稀疏增强权重张量

为了增加目标的稀疏性，Dai[83] 引入了加权的 l_1 范数，将稀疏增强权重张量定义为

$$\mathcal{W}_{\mathrm{SE}}^{k+1}(i,\ j,\ l)=\frac{1}{\left|\mathcal{T}^{k}(i,\ j,\ l)\right|+\tau} \tag{3.13}$$

其中，k 表示迭代次数；τ 是一个很小的正数，用于避免分母为零的情况出现。

由此可以将式(3.9)转化为如下具有可行解的数学问题：

$$\min_{\mathcal{B},\ \mathcal{T}}\sum_{i=1}^{3}\|\boldsymbol{B}_{(i)}\|_{*}+\lambda\|\mathcal{W}_{T}\odot\mathcal{T}\|_{1},\ \ \mathrm{s.t.}\ \mathcal{B}+\mathcal{T}=\mathcal{F} \tag{3.14}$$

其中，$\mathcal{W}_{T}=\mathcal{W}_{\mathrm{LS}}\odot\mathcal{W}_{\mathrm{SE}}^{k}$，$\odot$ 为哈达玛（Hadamard）积。

3.2 WNRIPT 方法

3.2.1 加权核范数

在稀疏和低秩重构问题中，核范数经常被用于约束低秩部分的正则项，它定义为矩阵 $\boldsymbol{A}$ 进行奇异值分解后所有奇异值的和，其定义见 2.4.1 节。Recht[115] 证明在一定条件下 NNM 方法可以准确恢复低秩部分，同时提出了软阈值处理（soft-thresholding operation）方法能够高效地解决核范数最小化优化问题，所以 NNM 方法在很多领域都得到了广泛应用。但是当测量噪声干扰的情况下，这种凸松弛算法的恢复性能会急剧下降，其恢复的解会严重偏离秩最小优化问题的原解，估计得到的秩存在过度收缩（over-shrink）现象。

因此，有学者提出应当区别对待每个秩分量，用于提高低秩恢复精度，而不是像在 NNM 方法中采用一样的权值。截断核范数正则化（truncated nuclear norm regularization，TNNR）[116] 和部分和极小化（partial sum minimization，PSM）[117] 只取最小的 $N-r$ 个奇异值，保持最大的 r 个不变，其中 N 为奇异值的个数，r 为矩阵的秩。然而，秩 r 很难估计，并且会随着数据变化而变化。为了更合理地利用不同奇异值代表的先验知识，Gu[82] 提出了加权核范数（weighted nuclear norm，WNN），其定义为

$$\|\boldsymbol{A}\|_{\boldsymbol{w},\ *}=\sum_{i}|w_{i}\sigma_{i}(\boldsymbol{A})|_{1} \tag{3.15}$$

其中，$\boldsymbol{w}=[w_1,\ w_2,\ \cdots,\ w_n]$，$w_i\geqslant 0$ 表示赋予奇异值的权值。WNNM 方法可以灵活地处理图像恢复等实际问题，通常较大的奇异值比小的奇异值需要被赋

予更小的权值，从而惩罚系数更小，由此可以保留数据的主要成分，有利于图像恢复精度的提高。与传统的 NNM 方法相比，WNNM 方法对不同的奇异值赋予不同的权值，使得软阈值更加合理。

3.2.2 WNRIPT 模型的建立与求解

本章所提出的 WNRIPT 方法流程如图 3.2 所示，主要包括三个步骤：①构建红外张量数据模型；②利用基于张量加权核范数方法恢复低秩背景张量和稀疏目标张量；③将目标张量重构为目标图像。

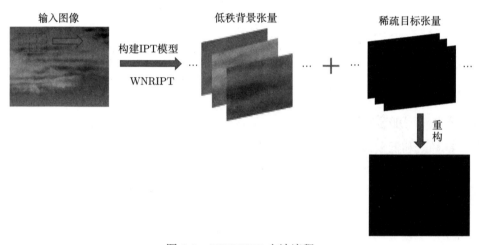

图 3.2 WNRIPT 方法流程

3.2.2.1 模型建立

为了解决背景图像中的"稀疏背景结构"干扰，本节引入 WNNM 方法对低秩张量的不同奇异值赋予不同的权值，考虑到较大的奇异值代表图像中强烈的边缘干扰[81]，所以用较小的权重惩罚较大的奇异值，从而可以将边缘完整保存在背景图像中，抑制其残留在目标图像中，避免对目标的正确检测造成干扰。低秩背景张量 $\mathcal{F}$ 的权值张量定义为

$$\|\mathcal{B}\|_{\mathcal{W}_B,\,*} = \frac{1}{n_3}\sum_{i=1}^{r}\sum_{j=1}^{n_3}\mathcal{W}_B(i,\,i,\,j)\overline{\mathcal{S}}(i,\,i,\,j) \tag{3.16}$$

$$\mathcal{W}_B^{k+1}(i,\,i,\,j) = \frac{1}{\overline{\mathcal{S}}^k(i,\,i,\,j)+\varepsilon_B} \tag{3.17}$$

其中，k 表示迭代次数；$\overline{\mathcal{S}}(:,:,j)$ 为 $\overline{\mathcal{B}}(:,:,j)$ 进行张量奇异值分解得到的奇异值张量；ε_B 是一个正的常数，避免分母为零；$\mathcal{W}_B^{k+1} \in \mathbb{R}^{r \times r \times n_3}$ 为第 $k+1$ 迭代的加权张量。

基于上述分析，本节可以提出如下的 WNRIPT 数学模型：

$$\min_{\mathcal{B}, \mathcal{T}} (\|\mathcal{B}\|_{\mathcal{W}_B, *} + \lambda \|\mathcal{W}_T \odot \mathcal{T}\|_1), \quad \text{s.t.} \quad \mathcal{B} + \mathcal{T} = \mathcal{F} \tag{3.18}$$

3.2.2.2 模型求解

问题(3.18)的增广拉格朗日形式可以描述为

$$\begin{aligned}\mathcal{L}(\mathcal{B}, \mathcal{T}, \mathcal{Y}) = &\|\mathcal{B}\|_{\mathcal{W}_B, *} + \lambda \|\mathcal{W}_T \odot \mathcal{T}\|_1 + \\ &\frac{\mu}{2} \|\mathcal{B} + \mathcal{T} - \mathcal{F}\|_F + \langle \mathcal{Y}, \mathcal{B} + \mathcal{T} - \mathcal{F} \rangle\end{aligned} \tag{3.19}$$

其中，$\mathcal{Y} \in \mathbb{R}^{n_1 \times n_2 \times n_3}$ 表示拉格朗日乘数；μ 是一个正的惩罚系数。

上述优化问题可以由交替乘子法分解为三个子优化问题，即对变量 $(\mathcal{B}, \mathcal{T}, \mathcal{Y})$ 进行迭代交替优化求解。具体步骤如下。

①固定 $(\mathcal{T}, \mathcal{Y})$，求解 $\mathcal{B}$：

$$\begin{aligned}\mathcal{B}^{k+1} &= \arg\min_{\mathcal{B}} \mathcal{L}(\mathcal{B}, \mathcal{T}^k, \mathcal{Y}^k) \\ &= \arg\min_{\mathcal{B}} \|\mathcal{B}\|_{\mathcal{W}_B^k, *} + \frac{\mu^k}{2} \|\mathcal{B} + \mathcal{T}^k - \mathcal{D}\|_F + \langle \mathcal{Y}^k, \mathcal{B} + \mathcal{T}^k - \mathcal{D} \rangle \\ &= \arg\min_{\mathcal{B}} \|\mathcal{B}\|_{\mathcal{W}_B^k, *} + \frac{\mu_k}{2} \left\|\mathcal{B} - \left(\mathcal{D} - \mathcal{T}^k - (\mu^k)^{-1} \mathcal{Y}^k\right)\right\|_F^2\end{aligned} \tag{3.20}$$

上述优化问题可以由张量奇异值阈值化（tensor singular value thresholding, T-SVT）方法[111,118-119]进行求解，定义为

$$\mathcal{B}^{k+1} = \text{T-SVT}_{(\mu^k)^{-1} \mathcal{W}_B^k} \left(\mathcal{F} - \mathcal{T}^k - (\mu^k)^{-1} \mathcal{Y}^k\right) \tag{3.21}$$

其求解过程如算法 3.1 所示。
其中，

$$(\mathcal{S} - \mu)_+ = \begin{cases} \mathcal{S} - \mu, & \mathcal{S} - \mu > 0 \\ 0, & \text{其他} \end{cases} \tag{3.22}$$

由算法 3.1 第 2 步可知，根据张量运算在频域中的重要性质(2.32)，需要进行矩阵 SVD 的次数只有 $\left\lceil \dfrac{n_3 + 1}{2} \right\rceil$ 次，减少了将近一半的计算次数。

算法 3.1 T-SVT 方法

输入: $\mathcal{Y} \in \mathbb{R}^{n_1 \times n_2 \times n_3}$

输出: T-SVT$_\mu (\mathcal{Y})$

1. fft 计算: $\overline{\mathcal{Y}} = \text{fft}(\mathcal{Y}, [\ ], 3)$
2. 对张量 $\overline{\mathcal{Y}}$ 的每一个正面切片进行 SVD，过程如下:

   for $i = 1, 2, \cdots, \left\lceil \dfrac{n_3 + 1}{2} \right\rceil$ **do**

   $[U, S, V] = \text{SVD}\left(\overline{Y}^{(i)}\right)$

   $\overline{W}^{(i)} = U \cdot (S - \mu)_+ \cdot V^*$

   end for

   for $i = \left\lceil \dfrac{n_3 + 1}{2} \right\rceil + 1, 2, \cdots, n_3$ **do**

   $\overline{W}^{(i)} = \text{conj}\left(\overline{W}^{(n_3 - i + 2)}\right)$

   end for

3. ifft 计算: T-SVT$_\mu (\mathcal{Y}) = \text{ifft}(\overline{\mathcal{W}}, [\ ], 3)$

---

② 固定 $(\mathcal{B}, \mathcal{Y})$，求解 $\mathcal{T}$:

$$\mathcal{T}^{k+1} = \arg\min_{\mathcal{T}} \mathcal{L}\left(\mathcal{B}^{k+1}, \mathcal{T}, \mathcal{Y}^k\right)$$

$$= \arg\min_{\mathcal{T}} \lambda \|\mathcal{W}_T \odot \mathcal{T}\|_1 + \frac{\mu^k}{2} \|\mathcal{B} + \mathcal{T}^k - \mathcal{D}\|_F + \langle \mathcal{Y}^k, \mathcal{B} + \mathcal{T}^k - \mathcal{D} \rangle$$

$$= \arg\min_{\mathcal{T}} \lambda \|\mathcal{W}_T \odot \mathcal{T}\|_1 + \frac{\mu^k}{2} \left\| \mathcal{T}^k - \left(\mathcal{F} - \mathcal{B}^{k+1} - (\mu^k)^{-1} \mathcal{Y}^k\right) \right\|_F^2$$

(3.23)

上述优化问题可以由阈值算子[120]求解，即

$$\mathcal{T}^{k+1} = \text{Th}_{(\mu_k)^{-1} \lambda \mathcal{W}_T^k}\left(\mathcal{F} - \mathcal{B}^{k+1} - (\mu^k)^{-1} \mathcal{Y}^k\right) \tag{3.24}$$

其中阈值算子 Th $(\cdot)$ 定义为

$$\text{Th}_\mu (x) = \begin{cases} x - \mu, & x > \mu \\ x + \mu, & x < -\mu \\ 0, & \text{其他} \end{cases} \tag{3.25}$$

③ 固定 $(\mathcal{B}, \mathcal{T})$，更新拉格朗日算子 $\mathcal{Y}$:

$$\mathcal{Y}^{k+1} = \mathcal{Y}^k + \mu^k \left(\mathcal{B}^{k+1} + \mathcal{T}^{k+1} - \mathcal{F}\right) \tag{3.26}$$

综上，我们给出了算法的整体流程，如算法 3.2 所示。

算法 3.2　WNRIPT 算法流程

输入: 原始图像张量 $\mathcal{F}$，参数 λ
输出: 背景张量 $\mathcal{B}^k$，目标张量 $\mathcal{T}^k$
初始化: $\mathcal{B}^0 = \mathcal{T}^0 = \mathcal{Y}^0 = \mathbf{0}$, $\mathcal{W}_B^0 = \mathcal{I}$, $\mathcal{W}_{\mathrm{SE}}^0 = \mathcal{I}$, $\mathcal{W}_T^0 = \mathcal{W}_{\mathrm{LS}} \odot \mathcal{W}_{\mathrm{SE}}^0$, $\mu_0 = 10^{-3}$,
　　　　 $\mu_{\max} = 10^7$, $k=0$, $\varepsilon = 10^{-8}$, $\rho = 1.1$

While: not converged **do**
1. 更新 $\mathcal{B}^{k+1}$: $\mathcal{B}^{k+1} = \text{T-SVT}_{(\mu^k)^{-1} \mathcal{W}_B^k} \left(\mathcal{F} - \mathcal{T}^k - (\mu^k)^{-1} \mathcal{Y}^k \right)$
2. 更新 $\mathcal{T}^{k+1}$: $\mathcal{T}^{k+1} = \text{Th}_{(\mu_k)^{-1} \lambda \mathcal{W}_T^k} \left(\mathcal{F} - \mathcal{B}^{k+1} - (\mu^k)^{-1} \mathcal{Y}^k \right)$
3. 更新 $\mathcal{Y}^{k+1}$: $\mathcal{Y}^{k+1} = \mathcal{Y}^k + \mu^k \left(\mathcal{B}^{k+1} + \mathcal{T}^{k+1} - \mathcal{F} \right)$
4. 更新背景权重张量 $\mathcal{W}_B^{k+1}$: $\mathcal{W}_B^{k+1}(i, i, j) = \dfrac{1}{\bar{\mathcal{S}}^k(i, i, j) + \varepsilon_{\mathcal{B}}}$
5. 更新目标权重张量 $\mathcal{W}_T^{k+1}$:
   for $(i, j, l) \in [1, 2, \cdots, n_1] \times [1, 2, \cdots, n_2] \times [1, 2, \cdots, n_3]$ **do**
   $\mathcal{W}_{\mathrm{SE}}^{k+1}(i, j, l) = \dfrac{1}{|\mathcal{T}^k(i, j, l)| + \tau}$
   end
   $\mathcal{W}^{k+1} = \mathcal{W}_{\mathrm{LS}} \odot \mathcal{W}_{\mathrm{SE}}^{k+1}$
6. 更新 μ^{k+1}: $\mu^{k+1} = \min\left(\rho \mu^k, \mu_{\max} \right)$
7. 判断下列两个收敛条件是否满足其一：
$\dfrac{\left\| \mathcal{F} - \mathcal{B}^{k+1} - \mathcal{T}^{k+1} \right\|_{\mathrm{F}}}{\| \mathcal{F} \|_{\mathrm{F}}} \leqslant \varepsilon$ 或者 $\operatorname{rank}_t\left(\mathcal{T}^{k+1}\right) = \operatorname{rank}_t\left(\mathcal{T}^k\right)$
8. 更新迭代次数 $k = k+1$

end While

注意到本章算法的收敛条件有两个：一个是误差满足预设阈值；另一个是张量的管道秩不再变小，二者满足其一即可。其中第二个条件是参考文献 [83] 设置的，其有效性在后续实验中会进一步得到验证。

由此，WNRIPT 方法的弱小目标检测步骤可总结如下：

①首先采用滑窗的方法将输入的红外图像 f 转换为张量 $\mathcal{F} \in \mathbb{R}^{n_1 \times n_2 \times n_3}$，其中窗口大小为 $n_1 \times n_2$，n_3 表示张量块正面方向的维度；然后计算目标 $\mathcal{T}$ 的加权张量 $\mathcal{W}_T$。

②利用算法 3.2 将原始图像张量 $\mathcal{F}$ 分解为背景张量 $\mathcal{B}$ 和目标张量 $\mathcal{T}$。

③将背景张量 $\mathcal{B}$ 和目标张量 $\mathcal{T}$ 按照统一平均估计（uniform average of estimators，UAE）重投影方法[121]重构为背景图像 f_B 和目标图像 f_T，该方法的

核心思想是采用池化的方式将图像块中重叠的像素点对应到原图像对应的像素点位置，具体详细过程可以参阅文献 [121]。

④最后对目标图像采用自适应阈值进行阈值分割处理，输出最终的目标图像。该阈值定义为[77]

$$t_{\text{up}} = \max\left(v_{\min},\ \mu + k\sigma\right) \quad (3.27)$$

其中，μ 和 σ 分别表示目标图像的均值和标准差；k 和 $v_{\min}$ 是根据实验设置的经验值，$v_{\min}$ 通常为目标图像最大灰度值的 60%[77]，当一个像素满足条件 $f_{\text{T}}(x, y) > t_{\text{up}}$ 时就可以认为是目标。

3.2.3 实验与结果分析

本节使用来自不同场景的红外图像进行实验，并将本章所提的算法与现有的四种算法的性能进行了比较。

3.2.3.1 实验数据

本节首先基于真实红外图像背景，加入一定的噪声或多个目标对该算法的鲁棒性进行验证，然后利用 5 组真实红外序列进行算法对比实验，具体的目标特性和背景特性描述见表 3.1。

表 3.1 实验场景描述

序号	帧数	尺寸	背景特性	目标特性	$\overline{\text{SCR}}$
1	120	200像素×150像素	天空场景，少量噪声干扰	缓慢运动，微弱目标	4.67
2	100	280像素×228像素	海天交接面，少量噪声干扰	缓慢运动的微弱目标	2.43
3	108	250像素×200像素	天空场景，强云层和噪声干扰	快速运动，淹没在云层中	2.10
4	116	280像素×240像素	天空场景，云层干扰	快速运动，对比度弱	4.32
5	118	220像素×140像素	天空场景，云层干扰	弱目标	3.81

3.2.3.2 对比方法

为了进一步评价本章所提出的 WNRIPT 方法的性能，选取了 4 种方法进行对比实验，它们包括两种基线（baseline）方法——最大中值滤波方法（max-median）[6] 和 Top-hat 滤波方法[96]，以及两种基于低秩和稀疏重构的方法——IPI 方法[77] 和 RIPT 方法[83]，上述方法的参数设置见表 3.2。

表 3.2 参数设置

方法	参数
max-median	滤波器大小：5像素 × 5像素
Top-hat	结构形态：方形，结构大小：5像素 × 5像素
IPI	图像块大小：50像素 × 50像素，滑动步长：10像素，$\lambda = \dfrac{L}{\sqrt{\min(n_1, n_2, n_3)}}$，$L=1$，$\varepsilon = 10^{-7}$
RIPT	图像块大小：50像素 × 50像素，滑动步长：10像素，$\lambda = \dfrac{L}{\sqrt{\min(n_1, n_2, n_3)}}$，$L=0.8$，$h=10$，$\varepsilon = 10^{-7}$
WNRIPT	图像块大小：60像素 × 60像素，滑动步长：40像素，$\lambda = \dfrac{L}{\sqrt{\max(n_1, n_2)n_3}}$，$L=1$，$h=10$，$\varepsilon = 10^{-7}$

3.2.3.3 WNRIPT 方法的有效性验证

本节验证了 WNRIPT 方法对不同场景的鲁棒性，包括单目标场景、多目标场景和噪声场景。

（1）单目标场景

首先对单目标场景进行测试，选取了 5 幅红外图像进行实验，如图 3.3所示。为了方便观察，采用方框对目标进行标记。由处理结果可知，WNRIPT 方法能够有效地实现目标检测，同时对背景杂波具有很好的抑制效果。

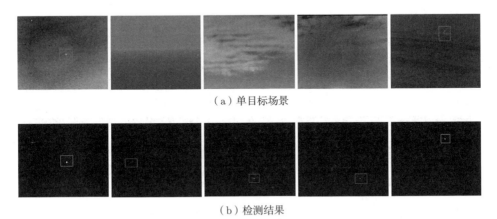

（a）单目标场景

（b）检测结果

图 3.3 WNRIPT 方法在单目标场景下的检测结果

（2）多目标场景

目标的数量在不同的场景中可能会发生改变，因此利用仿真图像验证了基于张量加权核范数的检测方法在多目标场景（该节为 3 个）中的有效性。本书采用

文献 [70] 的方法对真实的红外背景图像添加多个目标，仿真图像和对应的目标检测结果如图 3.4 所示，由结果可知，WNRIPT 方法能够正确检测到所有目标。

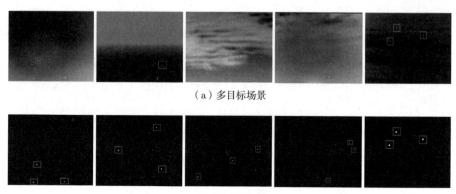

（a）多目标场景

（b）检测结果

图 3.4　WNRIPT 方法在多目标场景下的检测结果

（3）噪声场景

算法对噪声的鲁棒性是衡量算法指标的一项重要指标，本节测试了算法在不同程度噪声干扰下的检测性能，结果如图 3.5 所示。本节对原始图像分别添加标准差为 10 和 20 的高斯白噪声，如图 3.5（a）和（b）所示。由图 3.5 的检测结果可知，WNRIPT 方法对噪声的干扰具有鲁棒性，仍然能够准确地检测目标。

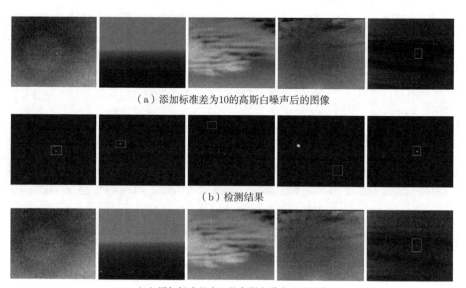

（a）添加标准差为10的高斯白噪声后的图像

（b）检测结果

（c）添加标准差为20的高斯白噪声后的图像

图 3.5　WNRIPT 方法在噪声目标场景下的检测结果

(d）检测结果

图 3.5　（续）

3.2.3.4　参数影响分析

为了进一步分析参数取值对 WNRIPT 方法性能的影响，在本节中，评估可能影响性能的关键参数，包括图像块尺寸、滑动步长和权重参数 λ。通过改变参数的值对序列 1～序列 5 的图像进行测试，然后通过它们的 ROC 曲线进行对比。需要指出的是，仅对算法中一个参数进行调整，同时固定其他参数而获得的检测性能可能不是最佳的。在真实红外图像上，可以对参数值进行进一步微调以获得最佳性能。

（1）图像块尺寸

图像块尺寸是影响检测性能和计算复杂性的重要因素。一般而言，较大的尺寸可以增强红外小目标的稀疏性，然而这将增加算法的计算复杂度同时降低全局的背景分量之间的相关性。为了达到目标稀疏性、背景相关性和计算复杂度之间的相对平衡，该节将图像块尺寸以 10 像素为步长从 20 像素增大到 70 像素，滑动步长设置为图像块尺寸的一半，权重参数 $\lambda=1$，然后对 5 组测试序列进行检测，得到的 ROC 曲线如图 3.6所示。从结果中可以得出以下结论：①当图像块大小大于 40 像素时，WNRIPT 方法对图像块大小的变化不是很敏感，不同取值对算法性能影响较小；②当图像块大小取值小于 40 像素时，算法的检测概率 P_d 趋近于 1 的速度明显慢于其他情况，所以图像块大小取值不宜太小。在后续实验中设置图像块大小为 60 像素。

（2）滑动步长

滑动步长是决定图像张量块维度的关键因素，较大的步长可以减少张量奇异值分解运算的次数，有效降低算法复杂度。本节实验将图像块尺寸固定为 60 像素×60 像素，权重参数 $\lambda=1$，以 10 像素为步长将滑动步长从 10 像素增大到 50 像素，对 5 组测试序列进行检测，结果如图 3.7所示。由结果可知，较大的步长性能明显优于小步长，这是因为小步长在噪声干扰下虚警数会急剧增加。但是由图 3.7（c）和（e）可以观察到，步长为 40 像素的检测概率比步长为 50 像素的率先达到了 1，因此滑动步长也不适宜设置过大，因为过大的步长可能会导致背景的低秩性被削弱，从而导致背景图像和目标图像的恢复精度下降。在后续实验中设置滑动步长为 40 像素。

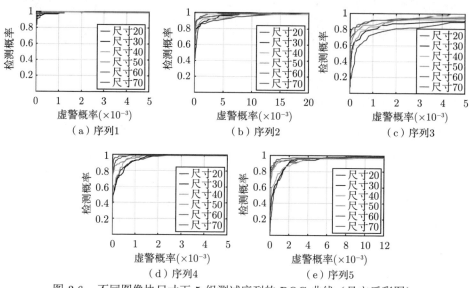

图 3.6　不同图像块尺寸下 5 组测试序列的 ROC 曲线（见文后彩图）

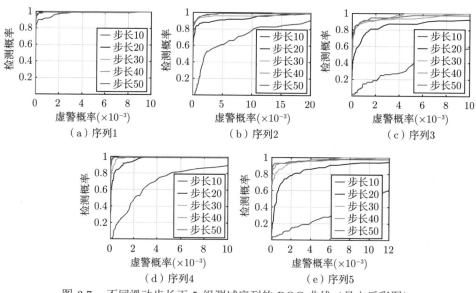

图 3.7　不同滑动步长下 5 组测试序列的 ROC 曲线（见文后彩图）

（3）权重参数

权重参数 λ 是权衡低秩部分和稀疏部分的关键参数，一般设置 λ 根据输入的张量维度进行自适应调整，即 $\lambda = L \big/ \sqrt{\min(n_1, n_2) n_3}$，但是在实际序列中，可

以通过对 λ 的微调获取更好的目标检测性能。在本节中，通过改变 L 的值改变 λ，将 L 从 0.7 增大到 2.4，图像块尺寸固定为 60像素×60像素，滑动步长设置为 40像素，对 5 组测试序列进行检测，结果如图 3.8 所示。由结果可知，λ 取值不宜过大，因为它会过度惩罚稀疏目标成分，从而导致目标漏检。在后续实验中设置 $\lambda = 1$。

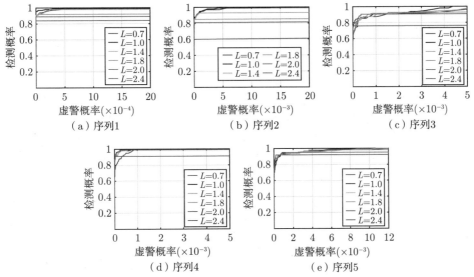

图 3.8　不同 λ 下 5 组测试序列的 ROC 曲线（见文后彩图）

3.2.3.5　对比实验

本节将所提出的 WNRIPT 方法与其他 4 种方法进行性能对比，以验证其优越性，本节选取每组序列的一幅代表性图片及算法处理后的目标图像，如图 3.9 所示。

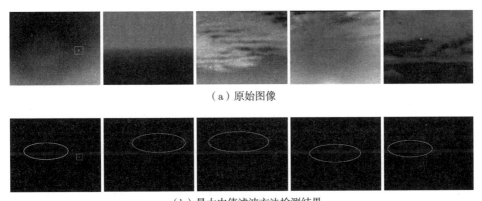

图 3.9　不同检测方法的红外弱小目标检测结果

(c) Top-hat滤波方法检测结果

(d) IPI方法检测结果

(e) RIPT方法检测结果

(f) WNRIPT方法检测结果

图 3.9 （续）

由检测结果可知，最大中值滤波方法在序列 1、序列 2 和序列 5 中能够有效增强目标，但是同时也增强了很多非目标区域的像素点，这些干扰会大大增加虚警率，尤其是在序列 3 和序列 4 中，目标被杂波干扰所淹没，已经无法有效辨别。尽管 Top-hat 滤波方法能够在所有序列中都检测到目标，但是它同样在目标图像中残留了大量背景杂波干扰，有些像素的灰度值甚至超过了目标。上述两种滤波类算法的性能受噪声和复杂背景的影响比较大，而且它们的性能取决于滤波器窗口大小和目标尺寸是否匹配，而这一先验信息通常无法提前获取。

对于后续 3 种基于低秩和稀疏重构的方法，它们的目标图像中残留的背景干扰明显少于滤波类算法的结果。由图 3.9（d）和（e）可知，IPI 方法和 RIPT 方法都能够在 5 组测试图像中正确检测到目标，但由于受到"稀疏背景结构"的干扰，在序列 2 以及序列 4 的检测结果中仍然有个别干扰点残留。而在 WNRIPT 方法的检测结果中，背景杂波干扰被抑制得很彻底，仅在序列 5 的目标图像中残留了一点干扰，目标相较其他方法更加突出。

为了更加直观地比较不同算法对背景杂波干扰的抑制能力，选取序列 3 和序列 5 的三维图进行展示，如图 3.10 和图 3.11 所示。由图可知，WNRIPT 方法相较其他 4 种方法具有更好地背景杂波干扰抑制能力。

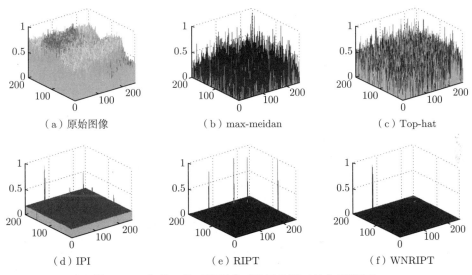

图 3.10　序列 3 的三维图像对比示意图（见文后彩图）

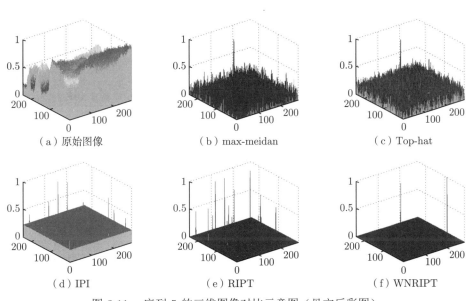

图 3.11　序列 5 的三维图像对比示意图（见文后彩图）

接下来采用评价指标对 5 种方法的性能进行定量分析和对比。对上述序列 1~序列 5 的代表性帧进行指标计算,结果如表 3.3~表 3.5所示,其中最大的数值用粗体标出。由结果可以看出,WNRIPT 方法在绝大多数指标中都表现最优,仅仅在序列 4 的第 59 帧图像中 CG 指标略低于 RIPT 方法。另外,对于基于低秩和稀疏重构的三类方法,LSNRG、BSF 以及 SCRG 会出现"Inf"的现象,这代表目标的局部背景邻域像素灰度被抑制到零,但是这并不代表全局最优。

表 3.3 不同方法在序列 1 和序列 2 的评价指标

方法	序列 1 的第 58 帧				序列 2 的第 38 帧			
	LSNRG	BSF	SCRG	CG	LSNRG	BSF	SCRG	CG
max-meidan	1.23	1.53	1.02	0.67	0.16	1.55	0.01	0.22
Top-hat	2.08	1.28	2.24	1.75	1.11	1.06	1.82	1.72
IPI	Inf	Inf	Inf	1.64	4.72	45.26	37.81	0.84
RIPT	Inf	Inf	Inf	1.07	Inf	Inf	Inf	2.83
WNRIPT	Inf	Inf	Inf	**1.92**	Inf	Inf	Inf	**4.09**

注:Inf 表示目标的局部背景邻域像素灰度被抑制到零;加粗数字表示最大的数值。

表 3.4 不同方法在序列 3 和序列 4 的评价指标

方法	序列 3 的第 18 帧				序列 4 的第 59 帧			
	LSNRG	BSF	SCRG	CG	LSNRG	BSF	SCRG	CG
max-meidan	0.45	1.14	0.27	0.66	0.09	1.14	0.03	0.17
Top-hat	0.95	0.64	1.32	2.06	1.18	0.89	1.37	1.54
IPI	4.17	149.38	295.46	1.98	5.83	Inf	Inf	1.11
RIPT	Inf	Inf	Inf	2.14	Inf	Inf	Inf	**3.20**
WNRIPT	Inf	Inf	Inf	**2.99**	Inf	Inf	Inf	3.16

注:Inf 表示目标的局部背景邻域像素灰度被抑制到零;加粗数字表示最大的数值。

表 3.5 不同方法在序列 5 的评价指标

方法	序列 5 的第 98 帧			
	LSNRG	BSF	SCRG	CG
max-meidan	0.80	0.89	0.68	2.71
Top-hat	1.11	0.48	0.90	1.88
IPI	3.95	33.48	22.55	0.67
RIPT	Inf	Inf	Inf	6.70
WNRIPT	Inf	Inf	Inf	**7.59**

注:Inf 表示目标的局部背景邻域像素灰度被抑制到零;加粗数字表示最大的数值。

进一步地,给出了不同方法检测 5 组测试序列的 ROC 曲线,如图 3.12所示。由图可以看出,在序列 1~ 序列 5 的 ROC 曲线中,WNRIPT 方法的检测概率 P_d 均率先达到 1,仅在序列 2 和序列 5 的 ROC 曲线的左上角略差于 IPI 方法,验证了 WNRIPT 方法性能的优越性和鲁棒性。最大中值滤波方法在序列 1~ 序列 5 的 ROC 曲线都表现最差。在序列 1、序列 2 和序列 4 的 ROC 曲线中,IPI

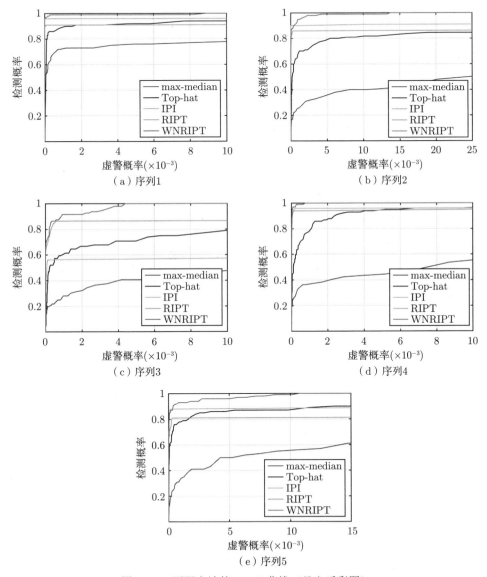

图 3.12　不同方法的 ROC 曲线(见文后彩图)

方法和基于加权的方法表现都优于滤波类方法，其中 IPI 方法检测概率更高；但是在序列 3 中，由于噪声和云层的的强烈干扰，IPI 方法性能下降比较明显，这说明该方法对噪声不具备鲁棒性。

3.2.3.6 算法复杂度和运行时间对比

本节分析了上述 5 种方法的算法复杂度，如表 3.6所示。对于最大中值滤波方法和 Top-hat 滤波方法，L 表示滤波窗口大小或者结构体元素尺寸，图像分辨率为 $M \times N$。对于 IPI 方法和 RIPT 方法，算法复杂度主要来源于矩阵的 SVD 分解，设 IPI 方法的图像块向量化后的矩阵大小为 $m \times n$，SVD 分解的复杂度为 $\mathcal{O}(mn^2)$；对于 RIPT 方法，设其转化后的原始图像向量 $\mathcal{F} \in \mathbb{R}^{n_1 \times n_2 \times n_3}$，每次迭代过程中它需要计算张量 $\mathcal{F}$ 的 3 个方向的展开矩阵的 SVD 操作，这 3 个张量展开矩阵的维度分别为 $n_1 \times (n_2 \cdot n_3)$，$n_2 \times (n_1 \cdot n_3)$ 和 $n_3 \times (n_1 \cdot n_2)$，设 RIPT 方法的迭代次数为 k 次，那么它的算法复杂度为 $\mathcal{O}(kn_1n_2n_3(n_1n_2 + n_2n_3 + n_1n_3))$。最后，WNRIPT 方法的算法复杂度来源于两个部分，它们分别是 FFT 操作和 T-SVD 操作，得益于 T-SVD 在频域中的重要性质，在每次迭代过程中，它只需要对维度为 $n_1 \times n_2$ 的矩阵进行 $\left\lceil \dfrac{n_3+1}{2} \right\rceil$ 次 SVD 操作，相较于 RIPT 方法而言大大降低了计算复杂度，其算法复杂度为 $\mathcal{O}(kn_1n_2n_3(\log n_3 + (n_2\lceil(n_3+1)/2\rceil)/n_3))$。

另外，选取序列 3 的图像为代表，对比了不同方法的处理时间，如表 3.6所示，由结果可知，WNRIPT 方法的处理时间仅慢于 Top-hat 滤波方法，它与同类的基于 IPI 方法和 RIPT 方法相比，大大提高了算法效率。

表 3.6　不同方法的算法复杂度和运行时间对比

方法	算法复杂度	序列 3 的处理时间/s
max-meidan	$\mathcal{O}(MNL^2)$	310.80
Top-hat	$\mathcal{O}(MNL^2 \log L)$	1.53
IPI	$\mathcal{O}(mn^2)$	525.25
RIPT	$\mathcal{O}(kn_1n_2n_3(n_1n_2 + n_2n_3 + n_1n_3))$	33.37
WNRIPT	$\mathcal{O}(kn_1n_2n_3(\log n_3 + (n_2\lceil(n_3+1)/2\rceil)/n_3))$	11.50

对于 RIPT 方法和 WNRIPT 方法而言，迭代次数 k 也是影响处理数据速度的重要因素，所以对 5 组测试序列的代表帧进行测试，比较了这两种方法随着迭代次数增加张量的管道秩变化的趋势，如图 3.13所示。由结果可知，WNRIPT 方法可以在更少的迭代次数达到更低的张量的管道秩，达到算法收敛条件，这是因为张量加权核范数能够更精准地恢复低秩和稀疏部分，而 RIPT 方法所采用的

SNN 方法得到的解本质上是破坏了张量的数据结构，从而导致精度下降。

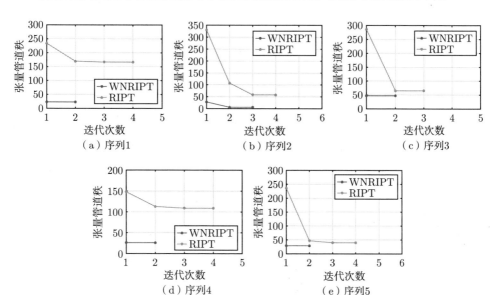

图 3.13　张量管道秩随迭代次数的变化趋势（见文后彩图）

3.3　WSNM-STIPT 目标检测方法

由于 NNM 方法对低秩部分奇异值分解之后的不同奇异值赋予同样的权值，导致该方法在噪声干扰的情况下对低秩和稀疏恢复的精度会急剧下降，恢复的结果与真实值差异较大，所以在 3.2 节中采用了 WNNM 方法对较大的奇异值赋予较小的权值，由此可以将背景干扰保留在背景成分中，减少其在目标图像中的残留，降低虚警。尽管 WNNM 方法能够在一定程度上提高低秩和稀疏恢复的精度，但是它对奇异值仍然存在 "过度收缩" 的问题[122]，即恢复出来的奇异值比真实的奇异值更小，所以恢复精度有进一步提高的空间。

本节针对 NNM 方法和 WNNM 方法在解决低秩和稀疏恢复问题中出现的"过度收缩"现象，研究并定义了 WSNN 方法，同时提出了 STIPT 模型，挖掘红外图像的时空域关联，进一步提高红外弱小目标的检测精度。

3.3.1　STIPT 模型

本节针对红外图像序列，提出 STIPT 模型。给定一组红外图像序列 $f_1, f_2, \cdots,$ $f_P \in \mathbb{R}^{m \times n}$，设帧数步长为 L，将图像序列按时间维度连续的 L 帧顺序存储到张量的正面切片，由此即可得到一个红外图像张量 $\mathcal{F} \in \mathbb{R}^{m \times n \times L}$，类似于 IPI 方法，红外图像可以描述为以下的加性模型：

$$\mathcal{F} = \mathcal{B} + \mathcal{T} + \mathcal{N} \tag{3.28}$$

其中，$\mathcal{F}, \mathcal{B}, \mathcal{T}, \mathcal{N} \in \mathbb{R}^{m \times n \times L}$ 表示原始图像张量、背景张量、目标张量和噪声张量。

在红外探测系统中，成像距离通常较远，帧间目标的运动距离与成像距离相比通常较小，所以目标在像平面运动时通常不会很快，因此帧间的目标附近的背景区域变化趋于平缓，有较强的相关性和连续性[77,88]，所以上述背景张量在适当的 L 帧范围内可以认为是低秩的。选取一组图像序列进行验证，设置帧数步长 $L = 6$，对其沿不同维度的模展开矩阵进行奇异值分解，如图 3.14 所示。由结果可

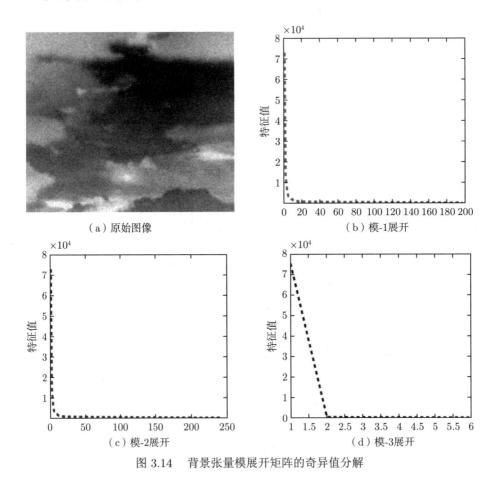

图 3.14 背景张量模展开矩阵的奇异值分解

知，背景张量的 3 个模展开矩阵的奇异值都很快衰减至零或者很小的值，因此背景张量满足低秩性。

在算法将原始图像张量分解为目标张量和背景张量后，将目标张量按照正面顺序取出每一个正面切片即可恢复为目标图像。

3.3.2 WSNM 方法

对于式(2.40)的求解问题，目前广大学者提出了很多种方法，其中应用最早的是核范数最小化方法，Recht[115]证明了该方法在无噪声干扰的情况下能很好地恢复低秩部分，但是它对噪声不具有鲁棒性，而且对奇异值估计存在"过度收缩"问题。为了改善这一问题，有学者提出了 Schatten-p 范数[123-124]，它定义为奇异值的 l_p 范数，即 $\left(\sum_i \sigma_i^p\right)^{1/p}$，其中 σ_i 表示第 i 个奇异值，$0 < p \leqslant 1$，在很多实验场景中，基于 Schatten-p 范数的方法比 NNM 方法实现了更高的恢复精度，但是大多数基于 Schatten-p 范数的模型都对所有的奇异值赋予相同的权值，当数据的奇异值具有不同重要性或者物理意义时，该方法仍然显得不够灵活。

进一步地，Xie 结合 WNNM 方法和 Schatten-p 范数两种思路的优点提出了 WSNM 方法[122]，定义如下：

$$\|\boldsymbol{X}\|_{\boldsymbol{w},\,S_p} = \left(\sum_{i=1}^{\min\{n,\,m\}} w_i \sigma_i^p\right)^{\frac{1}{p}} \tag{3.29}$$

其中，矩阵 $\boldsymbol{X} \in \mathbb{R}^{m \times n}$；$\boldsymbol{w} = [w_1,\, w_2,\, \cdots,\, w_{\min\{n,\,m\}}]$ 表示权重向量，满足非负性；p 的取值范围为 $0 < p \leqslant 1$。NNM 方法和 WNNM 方法实质上都是 WSNM 方法的特例，当 $p = 1$ 时，权重向量为 $\boldsymbol{w} = [1,\, 1,\, \cdots,\, 1]$ 时，WSNM 方法等价于 NNM 方法，权重向量为 $\boldsymbol{w} = [w_1,\, w_2,\, \cdots,\, w_{\min\{n,\,m\}}]$ 时，WSNM 方法等价于 WNNM 方法。

3.3.3 WSNM-STIPT 的建立与求解

3.3.3.1 模型建立

基于式(3.9)，为了提高低秩和稀疏恢复的精度，在本节将加权 Schatten-p 范数扩展到张量空间，定义背景张量 $\boldsymbol{\mathcal{B}}$ 的加权 Schatten-p 范数为

$$\|\boldsymbol{\mathcal{B}}\|_{\boldsymbol{\mathcal{W}},\,S_p}^p = \frac{1}{L} \sum_{i=1}^{r} \sum_{j=1}^{L} \left(\boldsymbol{\mathcal{W}}(i,\,i,\,j)\left(\overline{\boldsymbol{\mathcal{S}}}(i,\,i,\,j)\right)^p\right)^{\frac{1}{p}} \tag{3.30}$$

其中，L 表示帧数步长；$\overline{\mathcal{S}}(:,:,j)$ 为 $\overline{\mathcal{B}}(:,:,j)$ 进行张量奇异值分解得到的奇异值张量；ε 是一个正的常数，避免分母为零；$\mathcal{W}$ 为加权张量，其元素定义为

$$\mathcal{W}(i,i,j) = \frac{C\sqrt{mn}}{\overline{\mathcal{S}}(i,i,j)+\varepsilon} \tag{3.31}$$

其中，C 表示一个非负的微调参数，经验取值为 5。

由此可以定义目标函数为

$$\min_{\mathcal{B},\mathcal{T}} \|\mathcal{B}\|_{\mathcal{W},S_p}^p + \lambda\|\mathcal{T}\|_1, \quad \text{s.t.}\|\mathcal{F}-\mathcal{B}-\mathcal{T}\|_F \leq \delta \tag{3.32}$$

3.3.3.2 模型求解

为了求解优化问题(3.32)，首先推导了该问题的增广拉格朗日形式，定义如下：

$$\mathcal{L}(\mathcal{B},\mathcal{T},\mathcal{Y},\beta) = \|\mathcal{B}\|_{\mathcal{W},S_p}^p + \lambda\|\mathcal{T}\|_1 - \langle \mathcal{Y}, \mathcal{B}+\mathcal{T}-\mathcal{F}\rangle + \frac{\beta}{2}\|\mathcal{B}+\mathcal{T}-\mathcal{F}\|_F^2 \tag{3.33}$$

其中，$\mathcal{Y} \in \mathbb{R}^{m\times n\times L}$ 表示拉格朗日乘子；β 表示惩罚系数。

上述优化问题可以采用交替乘子法分解为三个子优化问题，即对变量 $(\mathcal{B},\mathcal{T},\mathcal{Y})$ 进行迭代交替优化求解。具体步骤如下：

（1）更新 $\mathcal{B}$。从式(3.33)提取所有包含变量 $\mathcal{B}$ 的项，固定其余两个变量，求解 $\mathcal{B}$：

$$\begin{aligned}
\mathcal{B}^{k+1} &= \arg\min_{\mathcal{B}} \mathcal{L}(\mathcal{B},\mathcal{T}^k,\mathcal{Y}^k,\beta^k) \\
&= \arg\min_{\mathcal{B}} \|\mathcal{B}\|_{\mathcal{W},S_p}^p - \langle \mathcal{Y}^k, \mathcal{B}^k+\mathcal{T}^k-\mathcal{F}\rangle + \frac{\beta^k}{2}\|\mathcal{B}^k+\mathcal{T}^k-\mathcal{F}\|_F^2 \\
&= \arg\min_{\mathcal{B}} \|\mathcal{B}\|_{\mathcal{W},S_p}^p + \frac{\beta^k}{2}\left\|\mathcal{B}+\mathcal{T}^k-\mathcal{F}-\frac{1}{(\beta^k)}\mathcal{Y}^k\right\|_F^2
\end{aligned} \tag{3.34}$$

为了求解问题(3.34)，在 T-SVT 方法中引入广义软阈值处理法（generalized soft-thresholding，GST）[125]，记为 WSNM-SVT($\cdot$)，定义如下：

$$\mathcal{B}^{k+1} = \text{WSNM-SVT}\left(\mathcal{F}-\mathcal{T}^k-\frac{1}{\beta^k}\mathcal{Y}^k\right) \tag{3.35}$$

其求解过程如算法 3.3 所示。其中 GST 算法的详细求解过程如算法 3.4 所示[125]，$(\cdot)^k$ 表示第 k 次迭代变量的值。值得注意的是，权重向量 $[w_1, w_2, \cdots, w_r]$ 满足升序排列，因为 $\overline{\mathbf{X}}^{(i)}$ 的奇异值满足降序排列，即 $\sigma_1 \geq \sigma_2 \geq \cdots \geq \sigma_r$。

算法 3.3　WSNM-SVT 方法

输入: $\mathcal{X} \in \mathbb{R}^{n_1 \times n_2 \times n_3}$, p
输出: WSNM-SVT$(\mathcal{X})$

1. fft 计算: $\overline{\mathcal{X}} = \mathrm{fft}(\mathcal{X}, [\,], 3)$
2. 对张量 $\overline{\mathcal{X}}$ 的每一个正面切片进行 SVD 分解, 过程如下

　　for $i = 1, 2, \cdots, \left\lceil \dfrac{n_3 + 1}{2} \right\rceil$ do
　　　$[\boldsymbol{U}, \boldsymbol{S}, \boldsymbol{V}] = \mathrm{SVD}\left(\overline{\boldsymbol{X}}^{(i)}\right)$
　　　计算权重 $\boldsymbol{W} = [w_1, w_2, \cdots, w_r]$ by (3.31)
　　　for $j = 1, 2, \cdots, r$ do
　　　　$\delta_i = \mathrm{GST}(\sigma_i, w_i, p)$;
　　　end for
　　　$\boldsymbol{\Sigma} = \mathrm{diag}(\delta_1, \delta_2, \cdots, \delta_r)$;
　　　$\overline{\boldsymbol{W}}^{(i)} = \boldsymbol{U} \cdot \boldsymbol{\Sigma} \cdot \boldsymbol{V}^*$
　　end for
　　for $i = \left\lceil \dfrac{n_3 + 1}{2} \right\rceil + 1, 2, \cdots, n_3$ do
　　　$\overline{\boldsymbol{W}}^{(i)} = \mathrm{conj}\left(\overline{\boldsymbol{W}}^{(n_3 - i + 2)}\right)$
　　end for

3. ifft 计算: WSNM-SVT$(\mathcal{X}) = \mathrm{ifft}(\overline{\mathcal{W}}, [\,], 3)$

算法 3.4　GST 方法

输入: σ, w, p, J
输出: $S_p^{\mathrm{GST}}(\sigma; w)$

1. $\tau_p^{\mathrm{GST}}(w) = (2w(1-p))^{\frac{1}{2-p}} + wp(2w(1-p))^{\frac{p-1}{2-p}}$
2. **if** $|\sigma| \leqslant \tau_p^{\mathrm{GST}}(w)$ **then**
　　$S_p^{\mathrm{GST}}(\sigma; w) = 0$
　else
　　$k = 0, \delta^{(k)} = |\sigma|$;
　　for $k = 0, 1, \cdots, J$ **do**
　　　$\delta^{(k+1)} = |\sigma| - wp\left(\delta^{(k)}\right)^{p-1}$;
　　　$k = k + 1$
　　end
　　$S_p^{\mathrm{GST}}(\sigma; w) = \mathrm{sgn}(\sigma) \delta^{(k)}$;
　end

（2）更新 $\mathcal{T}$。从式(3.33)提取所有包含变量 $\mathcal{T}$ 的项, 固定其余两个变量, 求解 $\mathcal{T}$:

$$\begin{aligned}
\mathcal{T}^{k+1} &= \arg\min_{\mathcal{T}} \mathcal{L}\left(\mathcal{B}^{k+1},\ \mathcal{T},\ \mathcal{Y}^k,\ \beta^k\right) \\
&= \arg\min_{\mathcal{T}} \lambda \|\mathcal{T}\|_1 - \left\langle \mathcal{Y}^k,\ \mathcal{B}^{k+1} + \mathcal{T} - \mathcal{F} \right\rangle + \frac{\beta^k}{2} \left\| \mathcal{B}^{k+1} + \mathcal{T} - \mathcal{F} \right\|_F^2 \\
&= \arg\min_{\mathcal{T}} \lambda \|\mathcal{T}\|_1 + \frac{\beta^k}{2} \left\| \mathcal{B}^{k+1} + \mathcal{T} - \mathcal{F} - \frac{1}{(\beta^k)} \mathcal{Y}^k \right\|_F^2
\end{aligned} \tag{3.36}$$

上述优化问题是一个典型的 l_1 正则化问题，可以由阈值算子[120]求解，即

$$\mathcal{T}^{k+1} = \text{Th}_{\frac{\lambda}{\beta^k}} \left(\mathcal{F} - \mathcal{B}^{k+1} - \frac{1}{\beta^k} \mathcal{Y}^k \right) \tag{3.37}$$

（3）更新 $\mathcal{Y}$。即

$$\mathcal{Y}^{k+1} = \mathcal{Y}^k - \beta^k \left(\mathcal{B}^{k+1} + \mathcal{T}^{k+1} - \mathcal{F} \right) \tag{3.38}$$

综上，我们给出了 WSNM-STIPT 方法的算法流程，如算法 3.5 所示。

算法 3.5　WSNM-STIPT 模型求解算法

输入：红外图像序列 $f_1,\ f_2,\ \cdots,\ f_P \in \mathbb{R}^{m \times n}$，帧数步长 L，参数 λ，微调参数 H，指数参数 p

输出：背景张量 $\mathcal{B}^k$，目标张量 $\mathcal{T}^k$

初始化：将输入图像序列转换为张量 $\mathcal{F}$，$\mathcal{B}^0 = \mathcal{T}^0 = \mathbf{0}$，$\mathcal{W} = \mathcal{I}$，$\mathcal{Y} = 0$，$\beta_0 = 10^{-2}$，$\beta_{\max} = 10^7$，$k = 0$，$\varepsilon = 10^{-7}$，$\rho = 1.1$

While: not converged **do**

1. 更新 $\mathcal{B}^{k+1}$：$\mathcal{B}^{k+1} = \text{WSNM-SVT}\left(\mathcal{F} - \mathcal{T}^k - \frac{1}{\beta^k} \mathcal{Y}^k \right)$

2. 更新 $\mathcal{T}^{k+1}$：$\mathcal{T}^{k+1} = \text{Th}_{\frac{\lambda}{\beta^k}} \left(\mathcal{F} - \mathcal{B}^{k+1} - \frac{1}{\beta^k} \mathcal{Y}^k \right)$

3. 更新拉格朗日乘子 $\mathcal{Y}^{k+1}$：$\mathcal{Y}^{k+1} = \mathcal{Y}^k - \beta^k \left(\mathcal{B}^{k+1} + \mathcal{T}^{k+1} - \mathcal{F} \right)$

4. 更新 β^{k+1}：$\beta^{k+1} = \min\left(\rho \beta^k,\ \beta_{\max} \right)$

5. 更新背景权重张量 $\mathcal{W}^{k+1}$：$\mathcal{W}_B^{k+1}(i,\ i,\ j) = \dfrac{1}{\overline{\mathcal{S}}^k(i,\ i,\ j) + \varepsilon_{\mathcal{B}}}$

6. 判断下列两个收敛条件是否满足其一：
$$\frac{\left\| \mathcal{F} - \mathcal{B}^{k+1} - \mathcal{T}^{k+1} \right\|_F}{\|\mathcal{F}\|_F} \leqslant \varepsilon \quad \text{或者} \quad \text{rank}_t\left(\mathcal{T}^{k+1} \right) = \text{rank}_t\left(\mathcal{T}^k \right)$$

7. 更新迭代次数 $k = k + 1$

end While

3.3.3.3 算法复杂度分析

本节对提出的 WSNM-STIPT 方法的算法复杂度进行了分析。给定红外图像序列 $f_1, f_2, \cdots, f_P \in \mathbb{R}^{m \times n}$，设转换为 STIPT 模型后可以得到 s 个三维张量，其中 $s = \lceil P/L \rceil$，每一个张量的维度为 $\mathcal{F} \in \mathbb{R}^{m \times n \times L}$。WSNM-STIPT 方法的计算量主要在于更新优化 $\mathcal{B}$ 和 $\mathcal{T}$。对于求解变量 $\mathcal{B}$，它需要进行 FFT 操作、GST 操作和 $\lceil \frac{L+1}{2} \rceil$ 次 SVD 操作，其中 FFT 操作的计算量为 $\mathcal{O}(ZsmnL\log(L))$，$Z$ 表示 WSNM-SVT 算法的迭代次数；SVD 操作的计算量为 $\mathcal{O}(Zsmn^2\lceil(L+1)/2\rceil)$。GST 算法的计算量为 $\mathcal{O}(Jn)$，其中 J 表示 GST 算法的迭代次数。所以更新变量 $\mathcal{B}$ 的计算复杂度为 $\mathcal{O}(Zsn(mL\log(L) + mn\lceil(L+1)/2\rceil + J))$。对于求解变量 $\mathcal{T}$，它的算法复杂度为 $\mathcal{O}(mn)$。

综上所述，该方法的复杂度为 $\mathcal{O}(T(Zsn(mL\log(L) + mn\lceil(L+1)/2\rceil + J) + mn))$，其中 T 表示 ADMM 的迭代次数。

3.3.4 实验与结果分析

本节针对所提的 WSNM-STIPT 方法进行测试，选取了 6 种方法进行性能对比，同时从定性和定量的角度说明 WSNM-STIPT 方法的有效性。本章采用的评价指标与 2.3 节相同，包括 LSNRG、SCRG、BSF、CG、P_d 和 F_a，这里不再赘述。

3.3.4.1 实验数据

为了验证本章所提的 WSNM-STIPT 方法的有效性，选取 6 组红外图像序列进行实验，主要是以天空场景为代表场景。它们的代表帧如图 3.19（a）所示，具体的目标特性和背景特性描述见表 3.7，其中 $\overline{\mathrm{SCR}}$ 表示序列图像的平均信杂比。

表 3.7 实验场景描述

序号	帧数	尺寸	背景特性	目标特性	$\overline{\mathrm{SCR}}$
1	98	240像素×198像素	天空场景，云层和噪声干扰	快速运动，淹没在云层中	3.46
2	116	274像素×224像素	天空场景，云层和噪声干扰	快速运动，对比度弱	3.96
3	98	256像素×200像素	天空场景，大范围云层干扰	快速运动，淹没在云层中	3.69
4	108	250像素×200像素	复杂天空场景，强云层和噪声干扰	快速运动，淹没在云层中	1.88
5	120	250像素×200像素	复杂天空场景，噪声干扰，卷积云干扰	快速运动，淹没在云层中	2.49
6	98	250像素×200像素	天空场景，卷云干扰	快速运动，淹没在云层中	2.50

3.3.4.2 参数设置

由于本节提出的 WSNM-STIPT 方法包含一些关键参数,因此给出了后续实验所使用的的参数值。首先,是正则项系数的设置,λ 为约束稀疏目标张量的系数,对目标检测性能有重要影响,设置它为 $\lambda = \dfrac{H}{\sqrt{\max(m,\,n) \times L}}$ [111],并根据张量大小自适应进行调整,其中 H 表示权重微调参数;帧数步长 $L = 8$,指数参数 $p = 0.8$。进一步地,会在后续章节定性分析参数 H、L 和 p 对 WSNM-STIPT 方法检测性能的影响。

3.3.4.3 对比方法

本节选择了 5 种方法与所提方法进行性能对比,分别是最大中值滤波方法[6]、Top-hat 滤波方法[96]、IPI 方法[77]、RIPT 方法[83] 和 WNRIPT 方法[126],上述 5 种方法的参数设置参见表 3.2。

3.3.4.4 WSNM-STIPT 方法的有效性验证

本节首先验证了 WSNM-STIPT 方法对不同场景的鲁棒性,包括单目标场景、多目标场景和噪声干扰场景,其中生成多目标场景仿真图像的方法与 3.2.3.3 节相同,噪声场景中添加的是标准差为 20 的高斯白噪声,检测结果如图 3.15 所示。为了方便观察,采用方框对目标区域进行标记。由结果可知,无论目标数目如何变化,WSNM-STIPT 方法都能够有效地实现所有目标检测;在严重噪声干扰的场景下,目标十分微弱,但是 WSNM-STIPT 方法仍然能够克服噪声的影响,准确检测到目标,验证了它对噪声的鲁棒性。

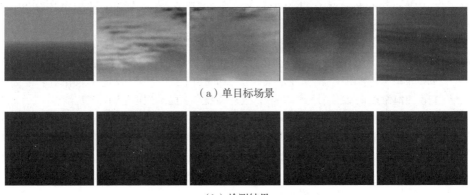

(a)单目标场景

(b)检测结果

图 3.15　WSNM-STIPT 方法在不同典型场景下的检测结果

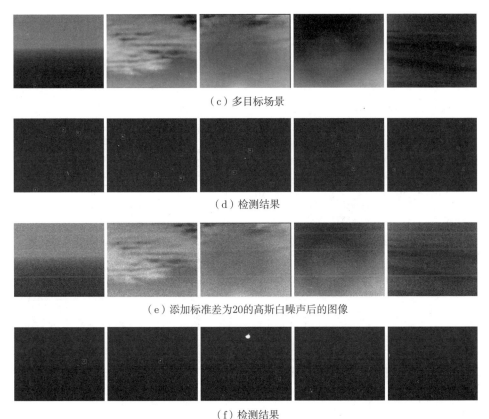

(c) 多目标场景

(d) 检测结果

(e) 添加标准差为20的高斯白噪声后的图像

(f) 检测结果

图 3.15　（续）

3.3.4.5　参数影响分析

本节将对影响算法性能的关键参数进行定性分析，主要是权重微调参数 H、帧数步长 L 和指数参数 p。首先改变参数的取值然后采用 WSNM-STIPT 方法对测试序列 1～序列 6 进行检测，最后给出 ROC 曲线进行对比。

（1）权重微调参数 H

在 WSNM-STIPT 方法中，通过改变 H 的值对约束稀疏目标张量的系数 λ 进行微调，将 H 从 2 增大到 12，帧数步长 $L=8$，指数参数 $p=0.8$，对 6 组测试序列进行检测，结果如图 3.16所示。由 $H=2$ 和 $H=3$ 的结果可知，H 的取值过小会导致虚警数较多，检测概率 P_d 达到 1 的速度会更慢，适当地增大 H 可以提高检测性能；但是当 $H \geqslant 6$ 时，真实目标会由于惩罚系数过大导致目标漏检，从而使得检测概率下降。目标张量 $\mathcal{T}$ 由式(3.37)求解得到，当 λ 增大时阈值算子会导致 $\mathcal{T}$ 保留更少的非零元素；相反，当 λ 过小时则会有更多的非零元素，从而引起虚警。在后续实验中设置 $H=4$。

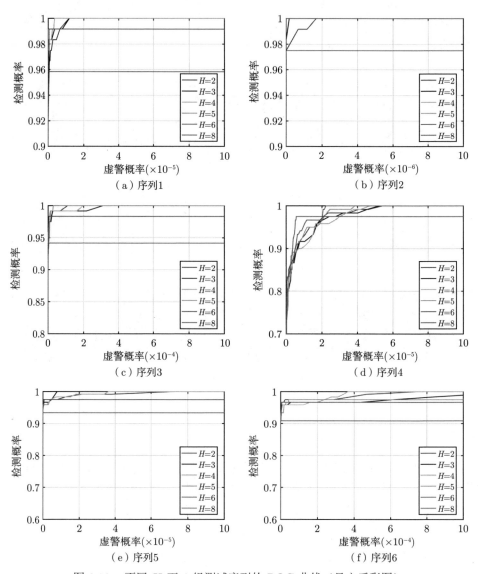

图 3.16 不同 H 下 6 组测试序列的 ROC 曲线（见文后彩图）

（2）帧数步长

在 WSNM-STIPT 方法中，为了同时利用时域和空域信息，利用 STIPT 模型对序列图像的连续 L 帧构建张量块，所以对 L 的取值对算法性能的影响进行了分析。将 L 从 2 增大到 12，H 固定为 4，指数参数 $p=0.8$，对 6 组测试序列进行检测，结果如图3.17所示。由结果可知，L 取 2 时的检测性能比其他取值的检测性能略差，说明 L 适当增大有利于增强时域的关联程度，有利于提高目标检测性能；而由 $L=10$ 和 $L=12$ 的检测结果可知，L 也不宜取值过大，否则会导致时域上的关联性降低，从而降低检测性能。在后续实验中设置 $L=8$。

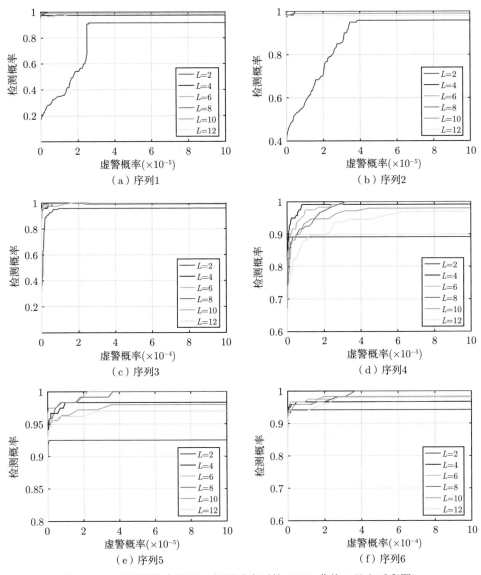

图 3.17 不同帧数步长下 6 组测试序列的 ROC 曲线（见文后彩图）

（3）指数参数 p

在 WSNM-STIPT 方法中，采用 WSNM 方法替代 WNNM 方法，解决在低秩恢复时对奇异值估计出现的"过度收缩"问题，其中的关键参数是指数 p，所以对 p 的取值对算法性能的影响进行了分析。将 p 从 0.5 增大到 1，H 固定为 4，L 固定为 8，对 6 组测试序列进行检测，其中 $p=1$ 时加权 Schatten-p 范数与加权核范数等价，结果如图 3.18 所示。由 $p=0.5$ 和 $p=0.6$ 的检测结果可知，p

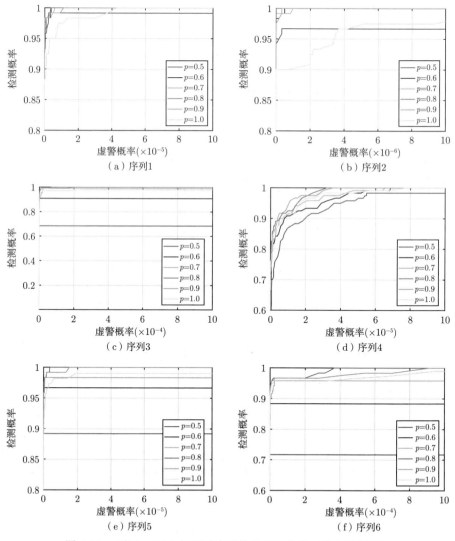

图 3.18　不同 p 下 6 组测试序列的 ROC 曲线（见文后彩图）

的取值不宜过小,否则会导致低秩恢复的精度下降,影响检测性能;当 $0.7 \leqslant p \leqslant 0.9$ 时,p 不同取值的检测性能差别不大,总体而言,$p=0.8$ 的检测效果最好;对比 $p=1$ 和 $0.7 \leqslant p \leqslant 0.9$ 的检测结果可知,WSNM 方法能够有效解决"过度收缩"问题,提高奇异值估计的精度,从而提升目标检测性能。在后续实验中设置 $p=0.8$。

3.3.4.6 对比实验

本节将所提出的 WSNM-STIPT 方法与其他 5 种方法进行性能对比。本节选取每组序列的一幅代表性图片及算法处理后的目标图像,如图 3.19 所示。

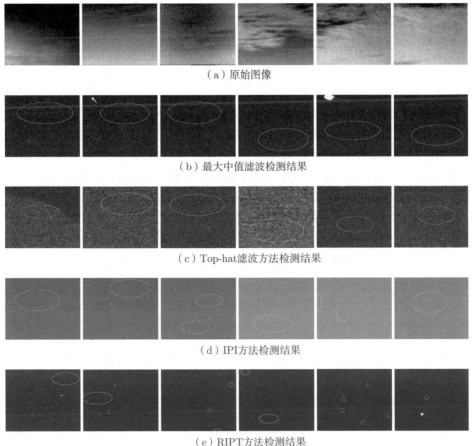

(a) 原始图像

(b) 最大中值滤波检测结果

(c) Top-hat 滤波方法检测结果

(d) IPI 方法检测结果

(e) RIPT 方法检测结果

图 3.19　红外弱小目标检测结果

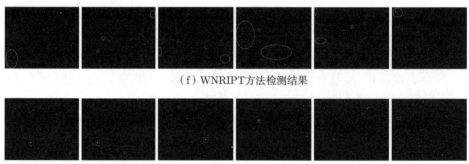

(f) WNRIPT方法检测结果

(g) WSNM-STIPT方法检测结果

图 3.19 （续）

由图 3.19（b）和（c）可知，两种滤波类方法即最大中值滤波方法和 Top-Hat 滤波方法可以增强目标，但同时也增强了许多非目标噪声和杂波，尤其是 Top-hat 滤波方法残留了很多背景图像中的云层结构，会造成较高的虚警率，它们的检测性能好坏取决于目标真实大小是否与滤波窗口尺寸匹配。由图 3.19（d）可知，IPI 方法的目标图像中的背景残留相对前两种滤波方法更少，在信杂比较高的场景中对背景杂波的抑制效果突出，但是仍然会残留一些高亮的非目标像素点；由图 3.19（e）可知，RIPT 方法对背景杂波的抑制效果比 IPI 方法更好，但是它在序列 4 和序列 6 中都漏检了目标，同时在其他序列的检测结果中也存在一些虚警点；而 WNRIPT 方法能够正确检测到所有目标，但是它是基于 WNNM 方法对低秩背景进行恢复的，"过度收缩"问题仍然存在，导致目标图像中有个别虚警点。由图 3.19（g）可知，本章所提的 WSNM-STIPT 方法有效利用了图像序列的时空域信息正确检测到了所有目标，同时利用加权 Schatten-p 范数对背景干扰进行了很好的抑制，和其他对比方法比较而言取得了最好的检测结果。

同时，为了更加直观地比较不同算法对背景杂波干扰的抑制能力，选取 6 组序列中检测难度较大的序列 4 和序列 5 的三维图进行展示，如图 3.20 和图 3.21 所示。由图可知，WSNM-STIPT 方法相较于其他 5 种方法具有更好的背景杂波干扰抑制能力，目标的邻域背景中的像素灰度值都基本抑制到零。

下面采用 2.3 节提到的评价指标对 5 种方法的性能进行定量分析和对比。对上述序列 1～序列 6 的代表性帧进行指标计算，结果如表 3.8～表 3.10 所示，其中最大的数值用粗体标出。由结果可以看出，WSNM-STIPT 方法在所有指标中都表现最优，而 RIPT 方法在序列 4 和序列 6 中漏检，即目标区域和邻域背景区域像素灰度值均为零，所以在 $LSNR_{out}$ 和 SCR_{out} 出现分子分母同时为零的情况。

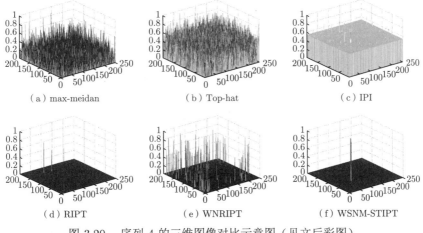

图 3.20 序列 4 的三维图像对比示意图（见文后彩图）

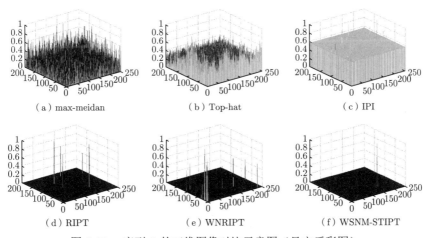

图 3.21 序列 5 的三维图像对比示意图（见文后彩图）

表 3.8 不同方法在序列 1~ 序列 2 的评价指标

方法	序列 1 的第 9 帧				序列 2 的第 30 帧			
	LSNRG	BSF	SCRG	CG	LSNRG	BSF	SCRG	CG
max-meidan	0.71	0.90	1.21	1.35	0.95	0.50	0.55	1.08
Top-hat	1.32	0.60	1.82	3.04	1.24	0.32	1.03	3.19
IPI	2.22	22.35	34.16	1.53	2.07	10.30	14.79	1.44
RIPT	Inf	Inf	Inf	1.08	Inf	Inf	Inf	1.47
WNRIPT	Inf	Inf	Inf	1.13	Inf	Inf	Inf	2.45
WSNM-STIPT	Inf	Inf	Inf	**7.66**	Inf	Inf	Inf	**6.90**

注：Inf 表示代表目标的局部背景邻域像素灰度被抑制到零；加粗数字表示最大的数值。

表 3.9 不同方法在序列 3～序列 4 的评价指标

方法	序列 3 的第 35 帧				序列 4 的第 76 帧			
	LSNRG	BSF	SCRG	CG	LSNRG	BSF	SCRG	CG
max-meidan	0.79	0.58	0.44	0.75	0.51	1.11	0.75	0.67
Top-hat	1.38	0.56	1.13	2.03	1.09	0.58	1.50	2.57
IPI	1.84	28.97	37.95	1.31	1.18	9.27	7.01	0.76
RIPT	Inf	Inf	Inf	1.84	NaN	Inf	NaN	0
WNRIPT	Inf	Inf	Inf	2.16	1.31	5.51	5.83	1.06
WSNM-STIPT	Inf	Inf	Inf	**2.90**	Inf	Inf	Inf	**4.61**

注：Inf 表示目标的局部背景邻域像素灰度被抑制到零；NaN 表示目标出现漏检情况，即目标区域和邻域背景区域像素灰度值均为零；加粗数字表示最大的数值。

表 3.10 不同方法在序列 5～序列 6 的评价指标

方法	序列 5 的第 59 帧				序列 6 的第 16 帧			
	LSNRG	BSF	SCRG	CG	LSNRG	BSF	SCRG	CG
max-meidan	0.83	0.99	1.30	1.32	0.62	0.49	0.24	0.49
Top-hat	1.18	0.84	1.84	2.18	1.17	0.39	1.01	2.57
IPI	1.88	13.39	10.41	0.78	1.49	12.11	7.18	0.59
RIPT	Inf	Inf	Inf	1.78	NaN	Inf	NaN	0
WNRIPT	Inf	Inf	Inf	1.17	Inf	Inf	Inf	4.05
WSNM-STIPT	Inf	Inf	Inf	**3.03**	Inf	Inf	Inf	**6.73**

注：Inf 表示目标的局部背景邻域像素灰度被抑制到零；NaN 表示目标出现漏检情况，即目标区域和邻域背景区域像素灰度值均为零；加粗数字表示最大的数值。

进一步地，给出了不同方法检测 6 组测试序列的 ROC 曲线，如图 3.22 所示。由图可以看出，在序列 1～序列 6 的 ROC 曲线中，本章所提的 WSNM-STIPT 方法的检测概率 P_d 均率先达到 1，即使在信杂比较低、检测难度相对较大的序列 4～序列 6 中，该方法也取得了很好的检测性能。最大中值滤波方法与其他方法相比，它的检测性能相对最差。Top-hat 滤波方法尽管在 ROC 性能曲线上表现不错，但是由图 3.19（c）可知，其目标图像残留的背景干扰很多，目标不够突出。WNRIPT 方法虽然在虚警率较低的时候检测概率略低于 IPI 方法，但是它随着虚警率的提高检测概率实现了反超；而 IPI 方法和 RIPT 方法都出现了漏检的情况。WSNM-STIPT 方法性能相对最好的根本原因在于，与传统的 IPI 方法和 RIPT 方法相比，它加入时空域信息可以有效提高目标检测性能，并且引入的 WSNM 方法可以解决低秩分量估计中的"过度收缩"问题，从而提高重构的精度。

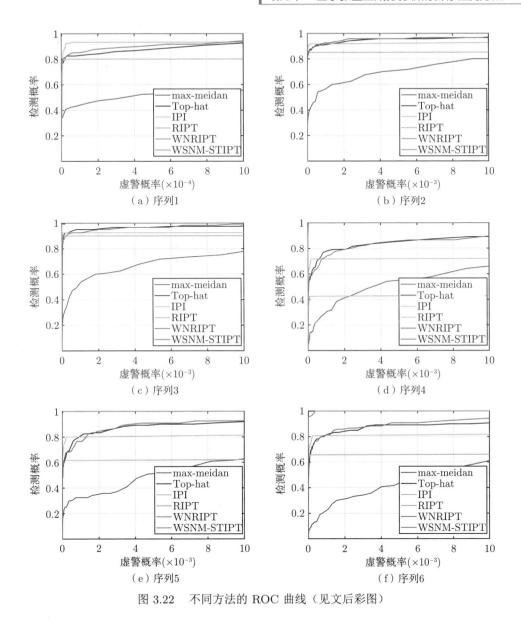

图 3.22 不同方法的 ROC 曲线（见文后彩图）

3.3.4.7 算法收敛性分析

本节简要分析了 WSNM-STIPT 方法的收敛性。由于背景张量中的加权 Schatten-p 范数不是凸函数，也没有次梯度的一般形式，很难对该模型进行理论上的收敛分析。Xie 在提出加权 Schatten-p 范数的文献 [125] 中证明了一个定理：随着迭代次数增加，待优化求解的变量变化会趋近于零，并且在实验中验证了算法的有效性，详细内容参考文献 [125] 的定理 3。在模型求解中，引入了一个经验收敛条件[83]：$\mathrm{rank}_t\left(\mathcal{T}^{k+1}\right) = \mathrm{rank}_t\left(\mathcal{T}^k\right)$，这一收敛条件的有效性在实验中得到了充分验证。

另外，本书利用与参考文献 [125] 类似的方法对提出的 WSNM-STIPT 方法的收敛性进行实验分析，以序列 2 为代表，分析了随着迭代次数增加收敛函数 $\dfrac{\left\|\mathcal{F} - \mathcal{B}^{k+1} - \mathcal{T}^{k+1} - \mathcal{N}^{k+1}\right\|_F^2}{\left\|\mathcal{F}\right\|_F^2}$ 的变化情况，结果如图 3.23 所示。由图 3.23 可知，收敛函数随着迭代次数的增加趋近于零，且收敛速度较快。

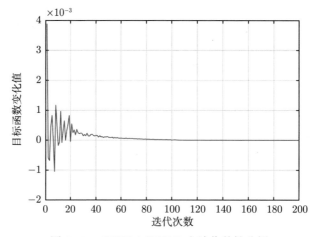

图 3.23　WSNM-STIPT 方法收敛性分析

3.3.4.8　运行时间对比

本节对比了上述 6 种方法对序列 1~ 序列 6 的处理时间，结果如表 3.11 所示。由结果可知，Top-hat 滤波方法处理速度最快，但是它的目标检测性能和背景抑制能力与 WSNM-STIPT 方法差距较大。本节所提出的 WSNM-STIPT 方法的

表 3.11　不同方法对测试序列的处理时间对比　　　　　s

方法	序列 1	序列 2	序列 3	序列 4	序列 5	序列 6
max-Meidan	109.11	111.03	114.69	121.21	131.94	120.31
Top-Hat	1.24	1.19	1.18	1.44	1.40	1.46
IPI	483.50	322.72	363.84	529.06	281.13	331.58
RIPT	180.28	217.32	270.82	235.12	238.12	247.36
WNRIPT	75.11	80.34	82.24	75.50	75.30	76.48
WSNM-STIPT	17.62	39.52	12.80	18.10	34.89	11.65

处理时间仅次于 Top-hat 滤波方法，与同类的 RIPT 方法、IPI 方法和 WNRIPT 方法相比大大提高了算法处理效率。

3.4 本章小结

本章在 3.1 节介绍了红外图像的低秩和稀疏分解模型。在 3.2 节针对"稀疏背景结构"的干扰提出了 WNRIPT 方法。该方法首先利用 RPCA 方法将原始图像张量分解为低秩背景张量和稀疏目标张量，然后采用 WNNM 方法对低秩背景张量奇异值分解的奇异值赋予不同的权重，提高低秩背景张量的恢复精度，同时用 l_1 范数约束稀疏目标张量。再推导了基于 ADMM 和 IALM 的求解方法，将联合优化问题分解为多个子问题迭代优化求解，同时利用 T-SVD 的重要性质大大降低了算法复杂度。最后，实验结果证明了所提出的 WNRIPT 方法在背景抑制和目标检测方面优于其他对比方法。

在 3.3 节针对 NNM 方法和 WNNM 方法在奇异值估计中出现的"过度收缩"问题，提出了 WSNM-STIPT 方法。该方法首先提出了 STIPT 模型，有效利用了红外图像序列的时空域信息关联，然后定义了张量空间的加权 Schatten-p 范数，能够有效提高低秩背景张量的恢复精度，从而提升检测性能。再推导了基于 ADMM 和 IALM 的求解方法，将联合优化问题分解为多个子问题迭代优化求解。最后，实验结果证明了提出的 WSNM-STIPT 方法在背景抑制和目标检测方面优于其他对比方法，同时大大提升了算法运行效率。

第4章

基于时空域信息和总变分正则项的目标检测方法

当目标所处背景包含有强烈起伏的边缘和角点时,现有的基于低秩性和稀疏性恢复的红外弱小目标检测方法的检测结果往往会出现很多虚警,这是由于它们考虑全局先验信息时通常假设只有弱小目标才具备稀疏性,对目标邻域背景的平滑程度依赖性很强,例如 IPI 方法[77]、非负约束的 IPI 方法[80]等。当目标所处背景包含有强烈起伏的边缘和角点时,由于这些干扰样本数目很少,所以它们与真实的目标一样都具有稀疏性,因此在最后的目标检测中无法依靠简单的阈值处理来排除这些虚警干扰。针对该问题,RIPT 方法[83]采用结构张量对边缘信息进行描述,但是它难以描述处于角点区域和该区域中的边缘,因为此时式 (3.11) 的两个特征值的差别很小,即 $\beta_{\max} - \beta_{\min}$ 很小,此时无法判断是否为边缘区域;另外,当目标以斑状形式出现时,RIPT 方法得到的背景图像中还会残留一部分目标的边缘。Sun[126]提出的 WNRIPT 通过 WNNM 方法赋予背景张量的奇异值不同的权值,对背景的边界干扰进行更加准确的描述。但是上述方法仍然存在两个可以改进的地方:① 基于 IPT 模型的方法仅仅利用了单帧红外图像的空域信息,即张量的每一个正面切片都是单帧图像相互重叠的图像块,而三维张量结构数据更适用于图像序列,物理意义也更加明确;② 上述方法的目标检测性能对图像的平滑程度比较敏感。其中,对于第二个问题,Wang[84]率先引入了总变分正则项对背景中的边缘进行刻画,提出了 TV-PCP 方法,有效提高了算法在非平滑场景中的目标检测能力,但是该方法仍然存在两个不足之处:① TV-PCP 方法采用的是原始的红外图像块模型,仅仅针对单帧的空域信息,采用矩阵的鲁棒主成分分析方法对目标进行分离;②算法计算效率低下,处理时间远远超过同类的基于稀疏和低秩恢复的方法，无法在实际场景中得到应用。

因此，本章针对上述不足，基于三维张量空间引入 TV-STIPT 模型，进一步提高背景不平滑场景下的目标检测能力。本章内容安排如下：4.1 节介绍了总变分正则项的基本概念，然后将总变分正则项扩展到张量空间，用于描述背景中可能存在的边缘和角点区域。4.2 节提出了 TV-STIPT 方法，然后基于交替乘子法推导了求解方法。4.3 节利用仿真实验验证所提算法的性能。4.4 节为本章小结。

4.1 总变分正则项

总变分正则项最早于 1992 年开始应用于图像处理领域，主要用于去除图像的噪声[85]，后来 Oliveira 指出它可以作为图像正则化算子用于保持图像的边缘和角点结构，因此它被进一步应用到图像恢复和去模糊等领域[127-132]。

目前在二维图像恢复领域使用最广泛的是基于 l_1 范数的各向异性总变分（aisotropic TV）正则项[133]。给定一幅图像 $f \in \mathbb{R}^{m \times n}$，它的第 i 行第 j 列元素记为 $f(i, j)$，它的各向异性总变分定义为

$$\begin{aligned}\text{TV}_{l_1} = &\sum_{i=1}^{m-1}\sum_{j=1}^{n-1}\{|f(i, j) - f(i+1, j)| + |f(i, j) - f(i, j+1)|\} + \\ &\sum_{i=1}^{m-1}|f(i, n) - f(i+1, n)| + \sum_{j=1}^{n-1}|f(m, j) - f(i, j+1)|\end{aligned} \quad (4.1)$$

进一步地，将上述定义推广到三维张量空间，用于替代基于重加权红外图像张量块的方法中的结构张量检测角点和边缘。对于给定的红外序列图像张量 $\boldsymbol{\mathcal{F}} \in \mathbb{R}^{m \times n \times L}$，其三维 TV（3D-TV）项定义为

$$\begin{aligned}\|\boldsymbol{\mathcal{F}}\|_{\text{STTV}} = \sum_{i, j, k}\Big[&|\boldsymbol{\mathcal{F}}(i, j, k) - \boldsymbol{\mathcal{F}}(i, j-1, k)| + \\ &|\boldsymbol{\mathcal{F}}(i, j, k) - \boldsymbol{\mathcal{F}}(i-1, j, k)| + \\ &|\boldsymbol{\mathcal{F}}(i, j, k) - \boldsymbol{\mathcal{F}}(i, j, k-1)|\Big]\end{aligned} \quad (4.2)$$

其中，$\boldsymbol{\mathcal{F}}(i, j, k)$ 表示张量 $\boldsymbol{\mathcal{F}}$ 的 (i, j, k) 个元素。等式右边的三项分别代表沿水平、垂直和时间方向的差分操作，为了方便表示，将其定义为 $D(\boldsymbol{\mathcal{X}}) = [D_h(\boldsymbol{\mathcal{X}}), D_v(\boldsymbol{\mathcal{X}}), D_t(\boldsymbol{\mathcal{X}})]$，其中 D_h, D_v, D_t 分别表示沿张量三个维度的差

分。所以时空域总变分正则项（spatial-temporal TV，STTV）定义为

$$\|\mathcal{F}\|_{\mathrm{STTV}} = \|D(\mathcal{F})\|_1 \tag{4.3}$$

4.2 TV-STIPT 模型的建立与求解

本章所提的 TV-STIPT 方法如图 4.1 所示，主要包括四个步骤：① 将红外图像序列转化为 STIPT 模型，构建方式参考 3.3.1 节；② 利用 TV-STIPT 方法挖掘红外图像序列的时域和空域关联信息，同时利用 TV 正则项对背景的角点和边缘进行保护，恢复低秩背景张量和稀疏目标张量；③ 将目标张量重构为目标图像序列；④ 阈值分割得到最终目标图像。

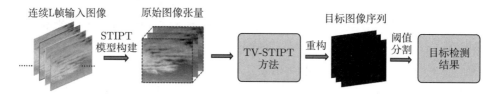

图 4.1　TV-STIPT 方法流程

首先，将输入的红外图像序列根据 3.3.1 节的方法转化为 STIPT 模型，即

$$\mathcal{F} = \mathcal{B} + \mathcal{T} + \mathcal{N} \tag{4.4}$$

其中，$\mathcal{F}$，$\mathcal{B}$，$\mathcal{T}$，$\mathcal{N} \in \mathbb{R}^{m \times n \times L}$ 表示原始图像张量、背景张量、目标张量和噪声张量。

4.2.1 模型的建立

为了进一步提高边界和角点干扰下的弱小目标检测性能和效率，在 STIPT 模型中引入相应的时空域总变分正则项（spatial-temporal TV，STTV），其表达式如下：

$$\begin{aligned}
\mathcal{B}, \mathcal{T}, \mathcal{N} = \arg\min_{\mathcal{B}, \mathcal{T}, \mathcal{N}} & \|\mathcal{B}\|_{\mathcal{W}, S_p}^p + \lambda_1 \|\mathcal{B}\|_{\mathrm{STTV}} + \lambda_2 \|\mathcal{T}\|_1 + \lambda_3 \|\mathcal{N}\|_F^2 \\
\text{s.t.} \quad & \mathcal{F} = \mathcal{B} + \mathcal{T} + \mathcal{N}
\end{aligned} \tag{4.5}$$

其中，$\|\mathcal{B}\|_{\mathcal{W},S_p}^p$ 表示背景张量的加权 Schatten-p 范数，具体定义见式 (3.16)；λ_1，λ_2，λ_3 分别表示 STTV、目标张量和噪声张量的权重，取值均为正数。由式(4.3)可以将式 (4.5) 改写为

$$\mathcal{B}, \mathcal{T}, \mathcal{N} = \arg\min_{\mathcal{B}, \mathcal{T}, \mathcal{N}} \|\mathcal{B}\|_{\mathcal{W},S_p}^p + \lambda_1 \|D(\mathcal{B})\|_1 + \lambda_2 \|\mathcal{T}\|_1 + \lambda_3 \|\mathcal{N}\|_F^2$$
$$\text{s.t.} \quad \mathcal{F} = \mathcal{B} + \mathcal{T} + \mathcal{N}$$
(4.6)

TV-STIPT 方法采用 STTV 对背景的边缘和角点进行更好的刻画，同时还可以利用时域和空域的信息，能够挖掘红外序列图像的深层特征。另外，该方法也得益于张量奇异值分解在频域的重要性质，可以大大降低算法复杂度，提高效率。

4.2.2 模型求解

优化问题(4.6)是一个联合正则化问题，多个正则项相互之间影响，增加了求解的难度。首先引入一些辅助变量，将式(4.6)改写为

$$\min_{\mathcal{Z}, \mathcal{L}, \mathcal{B}, \mathcal{T}, \mathcal{N}} \|\mathcal{Z}\|_{\mathcal{W},S_p}^p + \lambda_1 \|\mathcal{L}\|_1 + \lambda_2 \|\mathcal{T}\|_1 + \lambda_3 \|\mathcal{N}\|_F^2$$
$$\text{s.t.} \quad \mathcal{Z} = \mathcal{B}$$
$$\mathcal{L} = D(\mathcal{Z})$$
$$\mathcal{F} = \mathcal{B} + \mathcal{T} + \mathcal{N}$$
(4.7)

进一步地，式(4.7)的增广拉格朗日形式可以描述为

$$\begin{aligned}&L_A(\mathcal{B}, \mathcal{T}, \mathcal{N}, \mathcal{L}, \mathcal{Z}) \\ &= \|\mathcal{Z}\|_{\mathcal{W},S_p}^p + \lambda_1 \|\mathcal{L}\|_1 + \lambda_2 \|\mathcal{T}\|_1 + \lambda_3 \|\mathcal{N}\|_F^2 + \langle \mathcal{Y}_1, \mathcal{Z} - \mathcal{B} \rangle + \\ &\quad \langle \mathcal{Y}_2, \mathcal{L} - D(\mathcal{B}) \rangle + \langle \mathcal{Y}_3, \mathcal{F} - \mathcal{B} - \mathcal{T} - \mathcal{N} \rangle + \\ &\quad \frac{\mu}{2} \left(\|\mathcal{Z} - \mathcal{B}\|_F^2 + \|\mathcal{L} - D(\mathcal{B})\|_F^2 + \|\mathcal{F} - \mathcal{B} - \mathcal{T} - \mathcal{N}\|_F^2 \right)\end{aligned}$$
(4.8)

其中，$\mathcal{Y}_1$，$\mathcal{Y}_2$，$\mathcal{Y}_3 \in \mathbb{R}^{m \times n \times L}$ 表示拉格朗日乘子张量；μ 表示惩罚系数，取值为正数。

上述优化问题根据交替乘子法方法可以分解为 5 个变量的子优化问题，即对变量 $(\mathcal{Z}, \mathcal{L}, \mathcal{B}, \mathcal{T}, \mathcal{Y})$ 依次交替优化迭代，过程如下：

（1）**更新 $\mathcal{Z}$**。从式(4.8)提取所有包含变量 $\mathcal{Z}$ 的项，固定其他 4 个变量，求解 $\mathcal{Z}$：

$$\begin{aligned}\mathcal{Z}^{k+1} &= \arg\min_{\mathcal{Z}} \|\mathcal{Z}\|_{\mathcal{W},S_p}^p + \langle \mathcal{Y}_1^k, \mathcal{Z} - \mathcal{B}^k \rangle + \frac{\mu^k}{2}\|\mathcal{Z} - \mathcal{B}^k\|_F^2 \\ &= \arg\min_{\mathcal{Z}} \|\mathcal{Z}\|_{\mathcal{W},S_p}^p + \frac{\mu^k}{2}\left\|\mathcal{Z} - \left(\mathcal{B}^k - \frac{\mathcal{Y}_1^k}{\mu^k}\right)\right\|_F^2\end{aligned} \quad (4.9)$$

由第 3 章可知，该优化问题是一个典型的 WSNM 张量优化问题，求解方法参考算法 3.4，定义为

$$\mathcal{Z}^{k+1} = \text{WSNM-T}\left(\mathcal{B}^k - \frac{\mathcal{Y}_1^k}{\mu^k}\right) \quad (4.10)$$

（2）**更新 $\mathcal{L}$**。从式(4.8)提取所有包含变量 $\mathcal{L}$ 的项，固定其他四个变量，求解 $\mathcal{L}$：

$$\begin{aligned}\mathcal{L}^{k+1} &= \arg\min_{\mathcal{L}} \lambda_1\|\mathcal{L}\|_1 + \langle \mathcal{Y}_2^k, \mathcal{L} - D(\mathcal{B}^k) \rangle + \frac{\mu^k}{2}\|\mathcal{L} - D(\mathcal{B}^k)\|_F^2 \\ &= \arg\min_{\mathcal{L}} \lambda_1\|\mathcal{L}\|_1 + \frac{\mu^k}{2}\left\|\mathcal{L} - \left(D(\mathcal{B}^k) - \frac{\mathcal{Y}_2^k}{\mu^k}\right)\right\|_F^2\end{aligned} \quad (4.11)$$

上述优化问题可以由阈值算子[120]求解：

$$\mathcal{L}^{k+1} = \text{Th}_{\lambda_1(\mu^k)^{-1}}\left(D(\mathcal{B}^k) - \frac{\mathcal{Y}_2^k}{\mu^k}\right) \quad (4.12)$$

（3）**更新 $\mathcal{B}$**。从式(4.8)提取所有包含变量 $\mathcal{B}$ 的项，固定其他四个变量，求解 $\mathcal{B}$：

$$\begin{aligned}\mathcal{B}^{k+1} = \arg\min_{\mathcal{B}} &\langle \mathcal{Y}_1^k, \mathcal{Z}^{k+1} - \mathcal{B} \rangle + \langle \mathcal{Y}_2^k, \mathcal{L}^{k+1} - D(\mathcal{B}) \rangle + \\ &\langle \mathcal{Y}_3^k, \mathcal{F} - \mathcal{B} - \mathcal{T}^k - \mathcal{N}^k \rangle + \frac{\mu^k}{2}\|\mathcal{Z}^{k+1} - \mathcal{B}\|_F^2 + \\ &\frac{\mu^k}{2}\|\mathcal{L}^{k+1} - D(\mathcal{B})\|_F^2 + \frac{\mu^k}{2}\|\mathcal{F} - \mathcal{B} - \mathcal{T}^k - \mathcal{N}^k\|_F^2\end{aligned} \quad (4.13)$$

为了求解式(4.13)，对目标函数关于变量 $\mathcal{B}$ 求偏导，即

$$-\frac{\partial L_A(\mathcal{B})}{\partial \mathcal{B}} = 0 \tag{4.14}$$

然后可以转化为求解下述线性问题：

$$(2\mu^k \mathbf{I} + \mu^k D^* D)\mathcal{B} = \mathcal{Y}_1^k + D^*(\mathcal{Y}_2) + \mathcal{Y}_3^k + \mu^k \mathcal{Z}^{k+1} + \\ \mu^k D^*(\mathcal{L}^{k+1}) + \mu^k (\mathcal{F} - \mathcal{T}^k - \mathcal{N}^k) \tag{4.15}$$

其中，$D^*(\cdot)$ 表示 $D(\cdot)$ 的伴随算子，同时 $D^*D(\cdot)$ 是一个循环矩阵[134]，由式(2.27)可知，它可以通过 FFT 映射到傅里叶域的一个对角矩阵。由此，有

$$\begin{cases} H_B = \mathcal{Y}_1^k + D^*(\mathcal{Y}_2) + \mathcal{Y}_3^k + \\ \qquad \mu^k \left(\mathcal{Z}^{k+1} + D^*(\mathcal{L}^k) + \mathcal{F} - \mathcal{S}^k - \mathcal{N}^k\right) \\ T_B = |\text{fftn}(D_h)|^2 + |\text{fftn}(D_v)|^2 + |\text{fftn}(D_t)|^2 \\ \mathcal{B}^{k+1} = \text{ifftn}\left(\dfrac{\text{fftn}(H_B)}{2\mu^k \mathbf{1} + \mu^k T_B}\right) \end{cases} \tag{4.16}$$

其中，fftn 和 ifftn 分别表示三维傅里叶变换和对应的逆变换。

（4）更新 $\mathcal{T}$。从式(4.8)提取所有包含变量 $\mathcal{T}$ 的项，固定其他四个变量，求解 $\mathcal{T}$：

$$\begin{aligned} \mathcal{T}^{k+1} &= \arg\min_{\mathcal{T}} \lambda_2 \|\mathcal{T}\|_1 + \left\langle \mathcal{Y}_3^k, \mathcal{F} - \mathcal{B}^{k+1} - \mathcal{T} - \mathcal{N}^k \right\rangle \\ &= \arg\min_{\mathcal{T}} \lambda_2 \|\mathcal{T}\|_1 + \frac{\mu^k}{2} \left\| \mathcal{T} - \left(\mathcal{F} - \mathcal{B}^{k+1} - \mathcal{N}^k + \frac{\mathcal{Y}_3^k}{\mu^k}\right) \right\|_F^2 \end{aligned} \tag{4.17}$$

上式同样可以由阈值算子[120]求解，即

$$\mathcal{T}^{k+1} = \text{Th}_{\lambda_2(\mu^k)^{-1}} \left(\mathcal{F} - \mathcal{B}^{k+1} - \mathcal{N}^k + \frac{\mathcal{Y}_3^k}{\mu^k}\right) \tag{4.18}$$

（5）更新 $\mathcal{N}$。从式(4.8)提取所有包含变量 $\mathcal{N}$ 的项，固定其他 4 个变量，求

解 $\mathcal{N}$:

$$\begin{aligned}\mathcal{N}^{k+1} &= \arg\min_{\mathcal{N}} \lambda_3 \|\mathcal{N}\|_F^2 + \left\langle \mathcal{Y}_3^k, \mathcal{F} - \mathcal{B}^{k+1} - \mathcal{T}^{k+1} - \mathcal{N} \right\rangle + \\ &\quad \frac{\mu^k}{2} \|\mathcal{F} - \mathcal{B}^{k+1} - \mathcal{T}^{k+1} - \mathcal{N}\|_F^2 \\ &= \arg\min_{\mathcal{T}} \left(\lambda_3 + \frac{\mu^k}{2}\right) \times \left\| \mathcal{N} - \frac{\mu^k \left(\mathcal{F} - \mathcal{B}^{k+1} - \mathcal{T}^{k+1}\right) + \mathcal{Y}_3^k}{\mu^k + 2\lambda_3} \right\|_F^2 \end{aligned} \quad (4.19)$$

显而易见，上式的解为

$$\mathcal{N}^{k+1} = \frac{\mu^k \left(\mathcal{F} - \mathcal{B}^{k+1} - \mathcal{T}^{k+1}\right) + \mathcal{Y}_3^k}{\mu^k + 2\lambda_3} \quad (4.20)$$

（6）更新拉格朗日乘子 $\mathcal{Y}_1$，$\mathcal{Y}_2$，$\mathcal{Y}_3$ 和 μ^{k+1}。

拉格朗日乘子更新为

$$\begin{cases} \mathcal{Y}_1^{k+1} = \mathcal{Y}_1^k + \mu^k \left(\mathcal{Z}^{k+1} - \mathcal{B}^{k+1}\right) \\ \mathcal{Y}_2^{k+1} = \mathcal{Y}_2^k + \mu^k \left(\mathcal{L}^{k+1} - D\left(\mathcal{Z}^{k+1}\right)\right) \\ \mathcal{Y}_3^{k+1} = \mathcal{Y}_3^k + \mu^k \left(\mathcal{F} - \mathcal{B}^{k+1} - \mathcal{T}^{k+1} - \mathcal{N}^{k+1}\right) \end{cases} \quad (4.21)$$

惩罚系数更新为 $\mu^{k+1} = \min\left(\rho\mu^k, \mu_{\max}\right)$。

（7）更新背景权重张量 $\mathcal{W}_B^{k+1}$：

$$\mathcal{W}_B^{k+1}(i, i, j) = \frac{1}{\overline{\mathcal{S}}^k(i, i, j) + \varepsilon_B} \quad (4.22)$$

综上，我们给出了 TV-STIPT 模型的求解步骤，如算法 4.1 所示。

上述步骤完成后，对恢复得到的目标图像采用自适应阈值进行阈值分割处理，输出最终的目标图像。该阈值定义为[77]

$$t_{up} = \max\left(v_{\min}, \mu + k\sigma\right) \quad (4.23)$$

其中，μ 和 σ 分别表示目标图像的均值和标准差；k 和 $v_{\min}$ 是根据实验设置的经验值，$v_{\min}$ 通常为目标图像的最大灰度值的 60%[77]，当一个像素满足 $f_T(x, y) > t_{up}$ 条件时就可以认为是目标。

算法 4.1   TV-STIPT 模型求解算法

输入：红外图像序列 $f_1, f_2, \cdots, f_P \in \mathbb{R}^{m \times n}$，帧数步长 L，权重微调参数 H，
        正则化参数 $\lambda_1, \lambda_2, \lambda_3$

输出：背景张量 $\mathcal{B}^k$，目标张量 $\mathcal{T}^k$，噪声张量 $\mathcal{N}^k$

初始化：将输入图像序列转换为张量 $\mathcal{F}$，$\mathcal{B}^0 = \mathcal{T}^0 = \mathcal{N}^0 = 0$，$\mathcal{Y}_1^0 = \mathcal{Y}_2^0 = \mathcal{Y}_3^0 = 0$，
          $\mathcal{W}_B^0 = \mathcal{I}$，指数参数 $p = 0.8$，$C = 5$，$\mu_0 = 10^{-2}$，$\mu_{\max} = 10^7$，$k = 0$，
          $\varepsilon = 10^{-7}$，$\rho = 1.1$

While: not converged **do**

1. 更新 $\mathcal{Z}^{k+1}$：$\mathcal{Z}^{k+1} = \mathcal{D}_{\mathcal{W}_B(\mu^k)^{-1}}\left(\mathcal{B}^k - \frac{\mathcal{Y}_1^k}{\mu^k}\right)$
2. 更新 $\mathcal{L}^{k+1}$：$\mathcal{L}^{k+1} = Th_{\lambda_1(\mu^k)^{-1}}\left(D(\mathcal{B}^k) - \frac{\mathcal{Y}_2^k}{\mu^k}\right)$
3. 更新 $\mathcal{B}^{k+1}$：$\mathcal{B}^{k+1} = \text{ifftn}\left(\frac{\text{fftn}(H_B)}{2\mu^k\mathbf{1} + \mu^k T_B}\right)$
4. 更新 $\mathcal{T}^{k+1}$：$\mathcal{T}^{k+1} = Th_{\lambda_2(\mu^k)^{-1}}\left(\mathcal{F} - \mathcal{B}^{k+1} - \mathcal{N}^k + \frac{\mathcal{Y}_3^k}{\mu^k}\right)$
5. 更新 $\mathcal{N}^{k+1}$：$\mathcal{N}^{k+1} = \frac{\mu^k(\mathcal{F} - \mathcal{B}^{k+1} - \mathcal{T}^{k+1}) + \mathcal{Y}_3^k}{\mu^k + 2\lambda_3}$
6. 由式(4.21)更新朗格朗日乘子
7. 更新 μ^{k+1}：$\mu^{k+1} = \min(\rho\mu^k, \mu_{\max})$
8. 更新背景权重张量 $\mathcal{W}_B^{k+1}$：$\mathcal{W}_B^{k+1}(i, i, j) = \frac{1}{\overline{\mathcal{S}}^k(i, i, j) + \varepsilon_\mathcal{B}}$
9. 判断下列收敛条件是否满足：
$$\frac{\|\mathcal{F} - \mathcal{B}^{k+1} - \mathcal{T}^{k+1} - \mathcal{N}^{k+1}\|_F^2}{\|\mathcal{F}\|_F^2} \leqslant \varepsilon$$
10. 更新迭代次数 $k = k + 1$

end While

4.2.3 复杂度分析

本节对本章所提的 TV-STIPT 方法的复杂度进行了分析。给定红外图像序列 $f_1, f_2, \cdots, f_P \in \mathbb{R}^{m \times n}$，设转换为 STIPT 模型后可以得到 s 个三维张量，其中 $s = \lceil P/L \rceil$，每一个张量的维度为 $\mathcal{F} \in \mathbb{R}^{m \times n \times L}$。TV-STIPT 方法的计算量主要在于更新优化 $\mathcal{Z}$ 和 $\mathcal{B}$，其余变量的优化通过线性问题求解即可。

首先对于变量 $\mathcal{Z}$，它需要进行 FFT 操作、GST 操作和 $\left\lceil \frac{L+1}{2} \right\rceil$ 次 SVD 操作，所以在 k 次迭代中所有的计算量为 $\mathcal{O}(ksmnL(\log L + (n\lceil(L+1)/2\rceil)/L) + kJn)$，其中 J 表示 GST 的迭代次数。接下来是优化变量 $\mathcal{B}$，它主要也是 FFT 操作，计算复杂度为 $\mathcal{O}(ksmnL\log(L))$。所以 TV-STIPT 方法的计算复杂度为 $\mathcal{O}(ksmnL(2\log L + (n\lceil(L+1)/2\rceil)/L) + kJn)$，它与 TV-PCP 方法相比较而言大大提高了算法效率，这一点在后续的实验会进一步说明。

4.3 实验与结果分析

本节针对所提的 TV-STIPT 方法进行测试，选取了 5 种方法进行性能对比，并从定性和定量的角度说明 TV-STIPT 方法的有效性。本章采用的评价指标与 2.3 节相同，包括 LSNRG、SCRG、BSF、CG、P_d 和 F_a，这里不再赘述。

4.3.1 实验数据

为了验证本章所提 TV-STIPT 方法的有效性，选取包含强烈边缘和角点干扰的 6 组红外图像序列进行实验，主要是以天空场景为代表，因为云层干扰是包含强烈边缘和角点干扰的典型场景。它们的代表帧如图 4.5(a) 所示，具体的目标特性和背景特性描述见表 4.1，其中 $\overline{\text{SCR}}$ 表示序列图像的平均信杂比。

表 4.1 实验场景描述

序号	帧数	尺寸	背景特性	目标特性	$\overline{\text{SCR}}$
1	120	200 像素×150 像素	均匀天空场景，少量噪声干扰	缓慢运动，微弱目标	4.24
2	108	250 像素×200 像素	复杂天空场景，强云层和噪声干扰	快速运动，淹没在云层中	2.26
3	98	240 像素×198 像素	天空场景，卷层云干扰	快速运动，淹没在云层中	2.46
4	116	274 像素×224 像素	天空场景，云层干扰	快速运动，对比度弱	4.07
5	124	310 像素×240 像素	天空场景，云层干扰	弱目标	4.55
6	118	200 像素×150 像素	天空场景，卷层云干扰	弱目标	1.62

4.3.2 参数设置

本章所提的 TV-STIPT 方法包含一些关键参数，本节给出了后续实验所使用的参数值。首先，是三个正则项系数的设置，包括 $\lambda_i (i = 1, 2, 3)$，其中 λ_1 是平衡张量核范数和总变分正则项正则项的参数，将根据经验设其为 $0.5^{[84]}$；λ_2 为约束稀疏目标张量的系数，对目标检测性能有重要影响，设置它为 $\lambda_2 = \dfrac{H}{\sqrt{\max(m, n) \times L}}^{[111]}$，根据张量大小自适应进行调整，其中 H 表示调节参数；参数 λ_3 也根据经验取值

为 $100^{[134]}$，另外预设帧数步长 $L=3$，设置指数参数 $p=0.8$。进一步地，会在后续章节定性分析参数 H 和 L 对 TV-STIPT 方法检测性能的影响。

4.3.3 对比方法

本节共选择 5 种方法与所提的 TV-STIPT 方法进行性能对比，包括最大中值滤波方法[6]、Top-hat 滤波方法[96]、IPI 方法[77]、RIPT 方法[83]和 TV-PCP 方法[84]。其中，TV-PCP 方法参数设置为：$\lambda_1=0.005$，$\lambda_2=\dfrac{1}{\sqrt{\min(m,n)}}$，$\beta=0.025$，$\gamma=1.5$，其余 4 种方法参数设置参考表 3.2。

4.3.4 TV-STIPT 方法的有效性验证

本节首先验证了 TV-STIPT 方法对不同场景的鲁棒性，包括单目标场景、多目标场景和噪声干扰场景，其中生成多目标场景的仿真图像的方法与 3.2.3.3 节相同，噪声场景中添加的是标准差为 20 的高斯白噪声，检测结果如图 4.2 所示。为了方便观察，同样采用方框对目标进行标记。由结果可知，无论目标数目如何变化，TV-STIPT 方法都能够有效地实现所有目标检测，同时对背景中的边缘和角点进行很好的抑制；在严重噪声干扰的场景下，目标十分微弱，其灰度值与邻域背景区域几乎没有区别，但是 TV-STIPT 方法仍然能够克服噪声的影响，准确检测目标的位置，验证了它对噪声的鲁棒性。

4.3.5 参数影响分析

本节将定性分析参数 H 和 L 对 TV-STIPT 方法性能的影响，首先改变参数的取值然后采用 TV-STIPT 方法对测试序列 1～序列 6 进行检测，最后给出 ROC 曲线进行对比。

4.3.5.1 权重微调参数 H

在 TV-STIPT 方法中，H 的取值影响稀疏目标成分的恢复精度。通过改变 H 的值改变 λ_2，将 H 从 2 增大到 16，帧数步长 $L=3$，对 6 组测试序列进行检测，结果如图 4.3 所示。由结果可知，在序列 1 和序列 2 中，H 的不同取值对检测性能影响不大；但是在后续序列中，较大的 H 的目标检测性能明显优于较小的 H，因为在复杂场景下，过小的 H 会残留很多背景的噪声或者杂波；但是由序列 6 的结果可知，$H=16$ 的检测性能在相同的虚警概率下表现最差，所以 H 也不宜取值过大，会导致目标漏检。在后续实验中，设置 $H=12$。

图 4.2 TV-STIPT 方法在不同典型场景下的检测结果

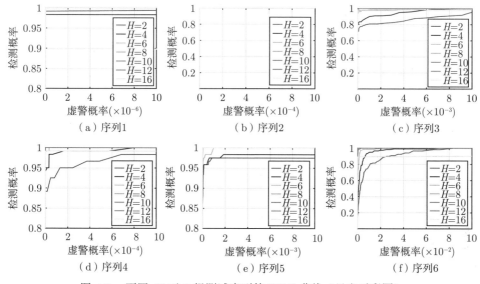

图 4.3 不同 H 下 6 组测试序列的 ROC 曲线（见文后彩图）

4.3.5.2 帧数步长

在 TV-STIPT 方法中，为了同时利用时域和空域信息，利用 STIPT 模型对序列图像的连续 L 帧构建张量块，所以本节分析了 L 的取值对算法性能的影响。将 L 从 2 增大到 6，H 固定为 12，对 6 组测试序列进行检测，结果如图 4.4 所示。由结果可知，在序列 1 和序列 2 中，L 的不同取值对检测性能影响不大；但是在序列 3~序列 6 中，L 取 2 时的检测性能比其他取值的检测性能略差，说明 L 适当增大有利于增强时域的关联程度，有利于目标检测。另外，由序列 3 和序列 6 的检测结果可知，$L=6$ 时的目标检测概率达到 1 的速度略低于 $2<L<6$ 时的速度，所以 L 也不宜取值过大，会导致时域上的关联性降低，从而影响检测性能。在后续实验中，设置 $L=3$。

4.3.6 对比实验

本节将所提出的 TV-STIPT 方法与其他 5 种方法进行性能对比，以验证其优越性。本节选取每组序列的一幅代表性图片及算法处理后的目标图像，如图 4.5 所示。

由图 4.5(a) 可知，6 组检测序列涵盖了背景较均匀的天空场景 (序列 1 和序列 4) 和包含强烈边缘和角点干扰的卷层云场景 (序列 3 和序列 6)，还有检测难度介于这两者之间的复杂场景。接下来对不同方法的目标检测结果进行分析。由

图 4.5(b) 可知,最大中值滤波方法的目标图像中残留了很多背景图像中的噪点和干扰,特别是在序列 3、序列 4 和序列 6 的结果中,目标被杂波干扰所淹没,无法进行有效检测。由图 4.5(c) 可知,Top-hat 滤波方法的目标图像中残留了很多背景图像中的云层结构,这些残留极易引起虚警,在序列 6 中已经完全无法对目标进行有效辨别。由图 4.5(d) 和 (e) 可知,IPI 方法和 RIPT 方法在目标图像中的背景残留相对前两种滤波方法更少,在简单场景中对背景杂波的抑制效果突出;但是在序列 3 和序列 6 的检测结果中,可以观察到目标图像中会残留一些高亮角点,特别是 IPI 方法在序列 6 中出现了丢失目标的现象,这也验证了这两种方法在处理边缘和角点干扰时检测性能会下降。由图 4.5(f) 可知,TV-PCP 方法能够正确检测到 6 组序列测试图像中的目标,但是由于其只利用了单帧图像的空域信息,所以在目标图像中仍然会有一些噪声和杂波干扰的残留。由图 4.5(g) 可知,本章所提的 TV-STIPT 方法有效利用了图像序列的时空域信息正确检测到了所有目标,同时利用总变分正则项对边缘和角点进行了很好的抑制,和其他方法比较而言取得了最好的检测结果。

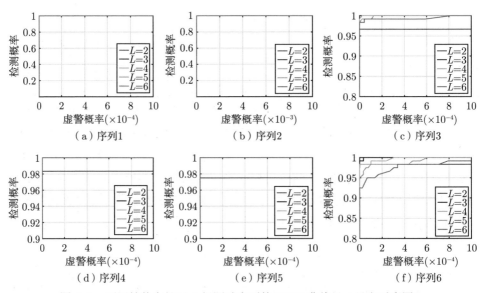

图 4.4 不同帧数步长下 6 组测试序列的 ROC 曲线目(见文后彩图)

同时,为了更加直观地比较不同算法对背景杂波干扰的抑制能力,选取 6 组序列中检测难度较大的序列 3 和序列 6 的三维图进行展示,如图 4.6 和图 4.7 所示。由图可知,TV-STIPT 方法相较于其他 5 种方法具有更好的背景杂波干扰抑制能力,目标的邻域背景中的像素灰度值都基本抑制到零。

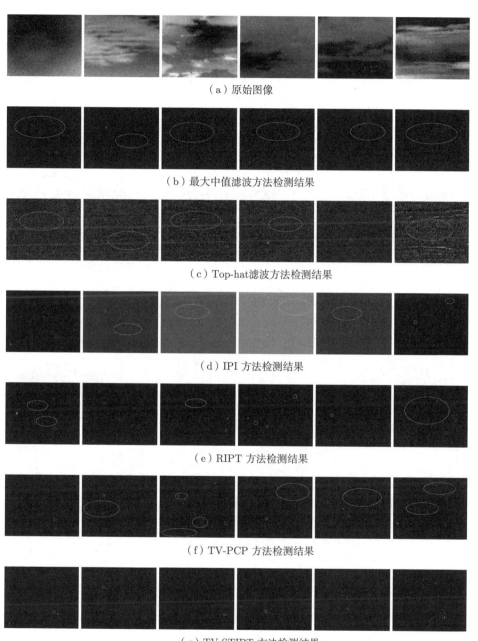

(a)原始图像

(b)最大中值滤波方法检测结果

(c)Top-hat滤波方法检测结果

(d)IPI方法检测结果

(e)RIPT方法检测结果

(f)TV-PCP方法检测结果

(g)TV-STIPT方法检测结果

图4.5 红外弱小目标检测结果

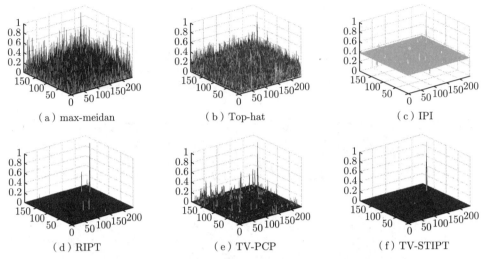

图 4.6 序列 3 的三维图像对比示意图（见文后彩图）

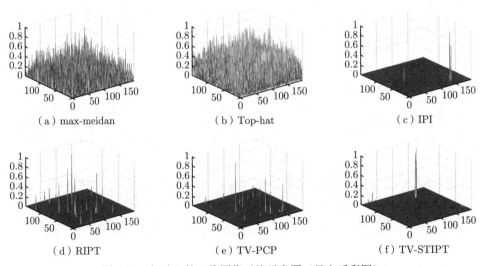

图 4.7 序列 6 的三维图像对比示意图（见文后彩图）

接下来采用 2.3 节提到的评价指标对 5 种方法的性能进行定量分析和对比。对上述序列 1～序列 6 的代表性帧进行指标计算，结果如表 4.2～表 4.4 所示，其中最大的数值用粗体标出。由结果可以看出，TV-STIPT 方法在所有指标中都表现最优，而 IPI 方法在序列 6 中漏检，即目标区域和邻域背景区域像素灰度值均为零，所以在 LSNRG 和 SCRG 出现分子分母同时为零的情况。

表 4.2 不同方法在序列 1～序列 2 的评价指标

方法	序列 1 的第 24 帧				序列 2 的第 12 帧			
	LSNRG	BSF	SCRG	CG	LSNRG	BSF	SCRG	CG
max-meidan	2.38	2.37	66.51	28.11	2.14	2.01	5.94	2.96
Top-hat	1.31	0.98	12.53	12.82	1.68	0.91	2.35	2.70
IPI	10.67	53.23	1717.30	32.26	3.61	51.45	126.01	2.45
RIPT	2.12	8.32	267.44	32.14	Inf	Inf	Inf	2.67
TV-PCP	6.15	30.71	990.48	32.25	3.75	8.50	26.11	3.07
TV-STIPT	Inf	Inf	Inf	**32.27**	Inf	Inf	Inf	**3.23**

注：Inf 表示目标的局部背景邻域像素灰度被抑制到零；加粗数字表示最大的数值。

表 4.3 不同方法在序列 3～序列 4 的评价指标

方法	序列 3 的第 93 帧				序列 4 的第 107 帧			
	LSNRG	BSF	SCRG	CG	LSNRG	BSF	SCRG	CG
max-meidan	0.70	1.34	1.39	1.04	0.48	0.93	0.31	0.34
Top-hat	1.75	1.01	3.82	3.81	1.77	0.68	2.84	4.15
IPI	2.01	27.29	42.78	1.57	1.47	19.58	27.16	1.39
RIPT	2.50	10.66	23.75	2.23	Inf	Inf	Inf	1.76
TV-PCP	2.84	6.22	17.31	2.78	3.28	7.81	25.05	3.21
TV-STIPT	Inf	Inf	Inf	**3.91**	Inf	Inf	Inf	**4.65**

注：Inf 表示目标的局部背景邻域像素灰度被抑制到零；加粗数字表示最大的数值。

表 4.4 不同方法在序列 5～序列 6 的评价指标

方法	序列 5 的第 29 帧				序列 6 的第 35 帧			
	LSNRG	BSF	SCRG	CG	LSNRG	BSF	SCRG	CG
max-meidan	1.20	1.18	1.33	1.13	1.22	2.01	1.17	0.59
Top-hat	1.24	0.70	1.85	2.62	1.11	0.88	1.46	1.65
IPI	1.79	9.90	15.28	1.54	NaN	Inf	NaN	0
RIPT	Inf	Inf	Inf	1.07	Inf	Inf	Inf	0.07
TV-PCP	3.71	6.09	11.30	1.85	0.57	27.33	2.11	0.08
TV-STIPT	Inf	Inf	Inf	**3.03**	Inf	Inf	Inf	**3.69**

注：Inf 表示目标的局部背景邻域像素灰度被抑制到零；NaN 表示目标出现漏检情况，代表目标区域和邻域背景区域像素灰度值均为零；加粗数字表示最大的数值。

进一步地，给出了不同方法检测 6 组测试序列的 ROC 曲线，如图 4.8 所示。由图可以看出，在序列 1～序列 6 的 ROC 曲线中，本章所提出的 TV-STIPT 方法的检测概率 P_d 均率先达到 1，即使在检测难度相对最大的序列 6 中，该方法也取得了很好的检测性能。TV-PCP 方法的 ROC 曲线在所有序列中的表现都要优于 RIPT 方法，在序列 3 中，ROC 曲线的左上角略低于 IPI 方法，但是它的检测概率 P_d 比 IPI 方法率先到达 1，这也验证了 TV 正则项对边缘和角点干扰的抑制效果，而 IPI 方法和 RIPT 方法都出现了漏检和虚警较高的情况。最大中值滤波方法在所有序列中表现最差，而 Top-hat 滤波方法相对较好。

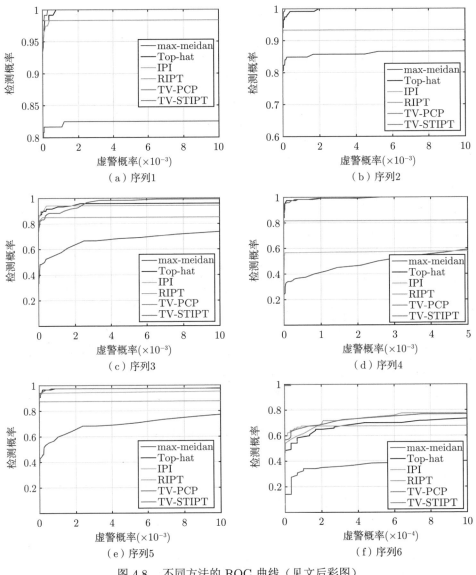

图 4.8　不同方法的 ROC 曲线（见文后彩图）

综合上述实验结果和分析可知，TV-STIPT 方法与其他 5 种对比算法而言表现最好，这得益于 STIPT 模型对图像序列时空域信息的深度挖掘和 TV 正则项对边缘以及角点的抑制作用。

4.3.7 算法收敛性分析

本节简要分析了本章所提 TV-STIPT 方法的收敛性。TV-STIPT 方法的目标函数问题优化实际上是一个多正则项联合优化问题[135]。由于背景张量中的加权 Schatten-p 范数不是凸函数的，也没有次梯度的一般形式，很难对该模型进行理论上的收敛分析。Xie 在提出加权 Schatten-p 范数的文献 [125] 中证明了一个定理：随着迭代次数增加，待优化求解的变量变化会趋近于零，并且在实验中验证了算法的有效性，详细内容参考文献 [125] 的定理 3。

所以本节采用类似的方法对提出的 TV-STIPT 方法的收敛性进行实验分析，以序列 3 为代表，分析了随着迭代次数增加收敛函数 $\dfrac{\|\mathcal{F} - \mathcal{B}^{k+1} - \mathcal{T}^{k+1} - \mathcal{N}^{k+1}\|_F^2}{\|\mathcal{F}\|_F^2}$ 的变化情况，结果如图 4.9 所示。由图 4.9 可以看到，收敛函数随着迭代次数的增加迅速趋近于零，且收敛速度较快，同时 TV-STIPT 方法在测试序列中的优异表现也证明了该优化方法的有效性。

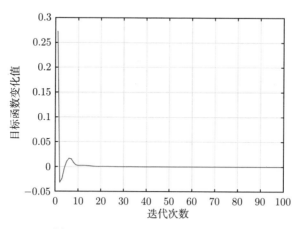

图 4.9　TV-STIPT 方法收敛性分析

4.3.8 运行时间对比

本节对比了上述 6 种方法对序列 1~ 序列 6 的时间，结果如表 4.5 所示。由结果可知，Top-hat 滤波方法处理速度最快，但是它的目标检测性能和背景抑制能力与 TV-STIPT 方法差距较大。而 TV-PCP 方法处理速度非常缓慢，这是由于它需要进行大量矩阵的奇异值分解，无法满足实时处理需求。本章所提出的 TV-STIPT 方法的处理时间比最大中值滤波方法和 RIPT 方法的处理时间稍长，但是它比 IPI 方法和 TV-PCP 方法更有效率，尤其是与同样采用总变分正则项的 TV-PCP 方法相比大大提高了算法效率，这是因为利用了张量奇异值分解在频域的重要性质。考虑到 TV-STIPT 方法在目标检测和背景干扰抑制方面的优异性能，综合来说，该方法是能够兼顾效率和性能。

表 4.5 不同方法对测试序列的处理时间对比   s

方法	序列 1	序列 2	序列 3	序列 4	序列 5	序列 6
max-median	110.18	174.39	183.93	259.98	315.04	91.58
Top-hat	1.65	1.93	1.76	2.49	2.77	1.69
IPI	279.13	731.92	825.75	1179.79	1669.32	284.93
RIPT	45.71	81.06	77.30	166.07	203.36	37.6
TV-PCP	9056	20126	15548	27379	38160	7868.8
TV-STIPT	149.58	352.65	363.25	430.72	550.50	183.78

4.4 本章小结

本章首先介绍了总变分正则项，然后针对包含边缘和角点干扰的非平滑场景提出了基于 TV-STIPT 方法。该方法将时空域总变分正则项与时空域张量块模型相结合，同时利用空域和时域信息，可以在非平滑、非均匀的图像中很好地抑制边缘和角点的干扰，实现高精度的目标检测。再推导了基于交替乘子法的求解方法，将联合优化问题分解为多个子问题迭代优化求解，同时利用张量奇异值分解的重要性质大大降低了算法复杂度。最后，通过仿真实验验证了本章所提出的 TV-STIPT 方法相对于其他 5 种方法的优越性。

第5章

基于时空域信息和多子空间学习的目标检测方法

尽管现有的基于低秩性和稀疏性恢复的红外弱小目标检测方法在很多场景取得了比传统方法更好的效果，但是当目标所处背景包含高亮杂波干扰时，背景中的建筑物、云层或者水面都会对阳光产生强烈反射，一些高亮区域的灰度值甚至超过目标，典型场景如图 2.3 所示。此时，由于这些方法都是将背景直接建模为单一低秩子空间，无法对高亮杂波进行有效抑制，极易引起虚警。因此，针对这种高度非均匀性背景时，采用单一子空间模型对背景进行描述的方法将不再适用。针对该问题，Wang[136] 提出基于稳定多子空间学习 (stable multisubspace learning, SMSL) 的目标检测方法。该方法首先在原始红外图像块模型的基础上进行了改进，它假设当窗口尺寸较小时，滑动窗口内的背景图像块通常只包含一种类型的场景，所以基于该假设将滑动窗口在垂直和水平方向的滑动步长设置为与窗口的长和宽相同，换而言之，图像块之间不再有重叠的像素，这样可以增强背景的多子空间特性，而且可以减少相同像素的重复处理。然后它采用字典学习的方法表达背景部分，即 $B=D\alpha$，其中 D 表示字典，其列向量张成了背景数据空间，α 表示系数，同时，该方法为了使系数 α 更好地表征低秩背景矩阵的秩，它对字典矩阵 D 引入正交约束来降低其列向量之间的相关性。但是该方法仍然存在以下不足：① SMSL 方法实质上是一种基于矩阵的低秩表达 (low-rank representation, LRR) 方法[137]，它只利用了图像中的空域信息；② SMSL 方法假设每个滑动窗口内的背景图像块通常只包含一种类型的场景，但这一假设通常取决于背景的复杂程度和窗口尺寸，在实际应用中不一定成立；③ SMSL 方法对字典矩阵 D 引入的正交约束没有明确的物理意义。

因此，本章针对上述不足，提出了 MSLSTIPT 方法，将 MSL 策略扩展到张量空间，对字典张量不再需要正交约束，同时利用 STIPT 模型有效利用红外图像序列的时空域信息，有效提高了高亮杂波干扰下的目标检测能力。本章内容安排如下：5.1 节介绍了 MSL 理论，为后续数学模型的建立奠定基础。5.2 节基于 STIPT 模型，将 MSL 理论扩展到张量空间，对高亮杂波进行精准建模，提出了 MSLSTIPT 方法，然后基于交替乘子法推导了求解方法。5.3 节利用仿真实验验证所提的 MSLSTIPT 方法的性能。5.4 节为本章小结。

5.1 MSL 理论

目前很多原始数据都是以高维形式存在，由于存储资源和硬件条件的限制，如何利用数据结构在不损失关键信息的前提下寻找数据的紧凑表达是至关重要的。子空间 (subspace) 作为数据结构的一种表达方式，在数学上定义为某给定的向量空间的子集。据研究表明，许多高维数据可以建模为多个低维线性子空间的集合，例如视频中的运动轨迹[138]、人脸图像[139]和手写数字[140]都可以用子空间近似表示，每个子空间对应一个类别，这种子空间结构在监督学习、半监督学习等许多任务中的数据处理中得到了非常广泛的应用[141-150]。MSL 是指将高维数据映射到低维空间的一种策略，利用多个低秩子空间对高维数据进行表达，这一方法在计算机视觉和机器学习领域都得到了广泛应用，例如人脸识别和图像检索任务。常用的多子空间学习方法主要有两类，分别为子空间聚类 (subspace clustering, SC) 方法和低秩表达 (LRR) 方法。下面分别对这两种方法进行简要介绍。

得益于计算机视觉和图像处理技术的快速发展，在过去的 20 年中，SC 方法得到了广泛的研究，学者提出了许多算法来解决高维数据聚类这一问题，该方法本质是在高维数据空间中对传统聚类算法的一种扩展，其核心思想是将搜索局部化在相关维中进行。现有的子空间方法根据其表示子空间的机制大致可分为四类：混合高斯方法、矩阵分解方法、代数方法和谱聚类方法。混合高斯方法将数据点建模为服从混合高斯分布的独立样本点，从而将子空间聚类问题转化为模型估计问题，然后利用期望最大化 (expectation maximization, EM) 算法进行估计求解，这类方法的代表有 K 平面方法[151]和 Q 平面方法[152]，这类方法的缺陷是由于受到优化策略的影响，聚类效果对误差和初始化参数值设置很敏感。基于矩阵分解的方法[153-154]通常利用矩阵分解对原始数据进行分类，它们对数据噪声和异常值很敏感。广义主成分分析方法 (generalized principal component analysis, GPCA)[155]是一种典型的基于代数方法的 SC 方法，它采用多项式对数据点进行拟合，然而对于高维数据而言它的计算代价通常很大，尤其是当数据中包含噪声时。谱聚类方法通常先学习一个仿射矩阵来寻找低维的嵌入数据，然后采用 K 均值方法得到最终的聚类结果。

LRR 方法的核心思想是寻找所有样本的低秩线性表示，在二维矩阵空间中，它一般将高维数据向量化构成矩阵的列向量，然后利用字典表达将不同的列向量聚类到相应的子空间，下面对它的数学模型进行简要介绍。假设观测数据为 $\boldsymbol{X} \in \mathbb{R}^{m \times n}$，它可以表示为如下的加性模型：

$$\boldsymbol{X} = \boldsymbol{L} + \boldsymbol{S} \tag{5.1}$$

其中，$\boldsymbol{L}$ 和 $\boldsymbol{S}$ 分别表示为低秩和稀疏矩阵，满足 $\text{rank}(\boldsymbol{L}) \ll \min\{m, n\}$ 和 $\|\boldsymbol{S}\|_0 \ll m \times n$。根据 LRR 方法，它的优化模型为

$$\min_{\boldsymbol{L}, \boldsymbol{S}} (\text{rank}(\boldsymbol{L}) + \lambda \|\boldsymbol{S}\|_0), \quad \text{s.t.} \boldsymbol{X} = \boldsymbol{L} + \boldsymbol{S} \tag{5.2}$$

其中，λ 为正则化系数，用于平衡低秩分量和稀疏分量。IPI 方法和 RIPT 方法均采用 NNM 方法直接对低秩矩阵进行约束，如式 (3.2) 和式 (3.9) 所示。根据前面的分析可知，这一类方法是基于低秩矩阵分布在单一低秩子空间的前提条件的，当数据分布在多子空间时，该方法恢复出来的子空间结构的准确度会有所下降。为了解决这一问题，LRR 方法采用字典学习的方法对低秩部分进行约束，目标函数如下：

$$\min_{\boldsymbol{\alpha}, \boldsymbol{S}} (\text{rank}(\boldsymbol{\alpha}) + \lambda \|\boldsymbol{S}\|_0), \quad \text{s.t.} \boldsymbol{X} = \boldsymbol{D}\boldsymbol{\alpha} + \boldsymbol{S} \tag{5.3}$$

其中，$\boldsymbol{D} = [\boldsymbol{D}_1, \boldsymbol{D}_2, \cdots, \boldsymbol{D}_k] \in \mathbb{R}^{m \times k}$ 表示字典矩阵；$\boldsymbol{\alpha} = [\boldsymbol{\alpha}_1, \boldsymbol{\alpha}_2, \cdots, \boldsymbol{\alpha}_k] \in \mathbb{R}^{k \times n}$ 表示系数。经过求解得到最优的 $\boldsymbol{D}$ 和 $\boldsymbol{\alpha}$ 后，低秩部分 $\boldsymbol{L}$ 可由 $\boldsymbol{L} = \boldsymbol{D}\boldsymbol{\alpha}$ 恢复得到，通过选择合适的字典，低秩表达方法可以精准地恢复多子空间的结构。

SMSL 方法将该思想引入红外弱小目标检测领域，为了降低直接求解矩阵秩的难度，它根据组稀疏约束思想，采用 $\boldsymbol{\alpha}$ 的非零行个数 $\|\boldsymbol{\alpha}\|_{\text{row-}0}$ 替代 $\text{rank}(\boldsymbol{\alpha})$，即

$$\text{rank}(\boldsymbol{\alpha}) \leqslant \|\boldsymbol{\alpha}\|_{\text{row-}0} \tag{5.4}$$

进一步地，将 $\|\boldsymbol{\alpha}\|_{\text{row-}0}$ 可以松弛为 $\|\boldsymbol{\alpha}\|_{\text{row-}1}$，其中 $\|\boldsymbol{\alpha}\|_{\text{row-}1} = \sum_{i=1}^{k} \|\boldsymbol{\alpha}_i\|_2$。同时，SMSL 方法对字典矩阵 $\boldsymbol{D}$ 引入正交约束以避免 $\boldsymbol{\alpha}$ 中出现太多的非零行，最后得到的目标函数如下：

$$\min_{\boldsymbol{D}, \boldsymbol{\alpha}, \boldsymbol{S}} (\|\boldsymbol{\alpha}\|_{\text{row-}1} + \lambda \|\boldsymbol{S}\|_0), \quad \text{s.t.} \|\boldsymbol{X} - \boldsymbol{D}\boldsymbol{\alpha} - \boldsymbol{S}\|_F \leqslant \delta, \ \boldsymbol{D}^T \boldsymbol{D} = \boldsymbol{I} \tag{5.5}$$

其中，δ 是一个正数，它的取值与图像噪声有关。

SMSL 方法本质上是一种基于二维矩阵的低秩表达方法，这类方法在二维数据处理上取得了较好的效果，但是在处理高维数据时，例如视频和图像检索，采用简单的向量化处理方法会破坏高维结构的内部结构，从而影响精度。因此，本章基于时空域红外张量块模型，将多子空间学习理论扩展到张量空间，对包含高亮杂波干扰场景的红外图像序列实现鲁棒的目标检测。

5.2 MSLSTIPT 模型的建立与求解

本章所提的 MSLSTIPT 方法的流程如图 5.1 所示，主要包括 4 个步骤：①将红外图像序列转化为 STIPT 模型，构建方法参考 3.3.1 节；②利用 MSLSTIPT 方法挖掘红外图像序列的时域和空域关联信息，同时利用 MSL 理论对背景的高亮杂波干扰进行准确建模，恢复低秩背景张量和稀疏目标张量；③将目标张量重构为目标图像序列；④阈值分割得到最终目标图像。

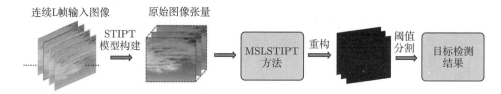

图 5.1　MSLSTIPT 检测方法流程

将输入的红外图像序列根据 3.3.1 节的方法转化为 STIPT 模型，即

$$\mathcal{F}=\mathcal{B}+\mathcal{T}+\mathcal{N} \tag{5.6}$$

其中，$\mathcal{F}, \mathcal{B}, \mathcal{T}, \mathcal{N} \in \mathbb{R}^{m \times n \times L}$ 表示原始图像张量、背景张量、目标张量和噪声张量。

5.2.1 模型的建立

SMSL 方法采用矩阵空间上的 LRR 方法，在正交约束的前提下利用字典学习求得背景分量的向量线性表示。MSLSTIPT 方法中的处理对象为红外图像序列，图像序列实际上是一个具有三维张量结构的视频。因此，需要将多子空间结构推广到张量空间，并找到了张量空间的低秩线性表达式。与 SMSL 方法中使用的向量线性表达相比，张量线性表达具有两个优点：第一，利用张量线性表达可以避免破坏红外图像序列原有的三维结构；第二，张量空间能比矩阵空间表示挖掘出数据更多的内部联系，能够有效提高对复杂背景的表达和建模能力。

本节基于 STIPT 模型，不再直接将背景张量建模为低秩张量，而是假设它分布在低秩的多子空间结构，可以由字典学习方法表达为如下模型：

$$\min_{\mathcal{X}} \mathrm{rank}_t(\mathcal{X}), \quad \text{s.t.} \ \mathcal{B} = \mathcal{D} * \mathcal{X} \tag{5.7}$$

其中，$\mathcal{D}$ 表示字典张量；$\mathcal{X}$ 表示系数张量；$\mathrm{rank}_t(\mathcal{D})$ 表示 $\mathcal{D}$ 的管道张量秩。上述优化问题的目标函数是一个离散值，难以求解，因此采用它的紧凑凸包络约束替代，即张量核范数，则式 (5.7) 可以描述为

$$\min_{\mathcal{X}} \|\mathcal{X}\|_*, \quad \text{s.t.} \ \mathcal{B} = \mathcal{D} * \mathcal{X} \tag{5.8}$$

在 3.4 节中，我们分析了 WSNM 方法能够比传统的 NNM 方法和 WNNM 方法提高张量的恢复精度，因此在本章对稀疏张量 $\mathcal{X}$ 也引入了 WSNM 方法，定义如下：

$$\|\mathcal{X}\|_{\mathcal{W}, S_p}^p = \frac{1}{L} \sum_{i=1}^{r} \sum_{j=1}^{n_3} \left(\mathcal{W}(i,i,j) \left(\overline{\mathcal{S}}(i,i,j) \right)^p \right)^{\frac{1}{p}} \tag{5.9}$$

$$\mathcal{W}(i,i,j) = \frac{C\sqrt{mn}}{\overline{\mathcal{S}}(i,i,j) + \varepsilon_B} \tag{5.10}$$

其中，$\overline{\mathcal{S}}(:,:,j)$ 为 $\overline{\mathcal{X}}(:,:,j)$ 的奇异值；$\mathcal{W}$ 为权重张量；指数参数 p 取值范围为 0 到 1 之间；ε_B 是一个很小的正数，防止分母出现零值。

对于目标张量，由于它与整幅图像相比只占据很小的一部分，所以具有稀疏性。噪声假设为独立分布的高斯噪声，可以用弗罗贝尼乌斯范数进行约束。由此，MSLSTIPT 模型的目标函数可以描述为

$$\min_{\mathcal{X}, \mathcal{T}} \|\mathcal{X}\|_{\mathcal{W}, S_p}^p + \lambda \|\mathcal{T}\|_1$$
$$\text{s.t.} \ \mathcal{F} = \mathcal{D} * \mathcal{X} + \mathcal{T}, \quad \|\mathcal{F} - \mathcal{D} * \mathcal{X} - \mathcal{T}\|_F \leqslant \delta \tag{5.11}$$

MSLSTIPT 方法采用 MSL 方法对背景的高亮杂波进行更精准的建模，同时还可以利用时域和空域的信息，能够挖掘红外序列图像的深层特征。

5.2.2 模型求解

本节基于交替乘子法对问题 (5.11) 进行求解。在 MSLSTIPT 方法中，张量奇异值分解操作是算法复杂度的主要来源，输入原始张量为 $\mathcal{F} \in \mathbb{R}^{m \times n \times L}$，每次迭

代都需要需要对尺寸为 $m \times n$ 的矩阵进行 L 次奇异值分解，为了提高算法的效率，采用了两种策略降低算法的计算复杂度。

首先，受到文献 [104] 的启发，采用张量的瘦形奇异值分解（见式 (2.36)）替代目标函数(5.11)中原有的字典张量 $\mathcal{D}$ 和系数张量 $\mathcal{X}$，即使用 $\mathcal{D}' = \mathcal{U_D} * \mathcal{S_D} \in \mathbb{R}^{m \times r \times n_3}$ 和 $\mathcal{V_D} * \mathcal{X}'$ 分别替代 $\mathcal{D}$ 和 $\mathcal{X}$，其中 $r = \mathrm{rank}_t(\mathcal{D})$，$\mathcal{X}' \in \mathbb{R}^{r \times n \times L}$ 为待求解的中间变量。由此，目标函数转化为

$$\min_{\mathcal{X}', \mathcal{T}} \left(\|\mathcal{X}'\|_{\mathcal{W}, S_p}^p + \lambda \|\mathcal{T}\|_1 \right)$$
$$\mathrm{s.t.} \; \mathcal{F} = \mathcal{D}' * \mathcal{X}' + \mathcal{T}, \quad \|\mathcal{F} - \mathcal{D}' * \mathcal{X}' - \mathcal{T}\|_F \leqslant \delta \tag{5.12}$$

通过采用张量的瘦形奇异值分解，可以将需要进行奇异值分解的矩阵维度缩小为 $r \times n$，该方法的有效性在文献 [104] 得到了充分论证。另外，根据张量奇异值分解在频域中的重要性质，可以将需要进行奇异值分解的次数降低一半，能够大大降低算法复杂度。

然后，引入一个辅助变量 $\mathcal{A}$ 将目标函数和约束条件中的变量分离出来，以方便进行求解，式 (5.12) 可以描述为

$$\min_{\mathcal{X}', \mathcal{T}} \left(\|\mathcal{X}'\|_{\mathcal{W}, S_p}^p + \lambda \|\mathcal{T}\|_1 \right)$$
$$\mathrm{s.t.} \; \mathcal{X}' = \mathcal{A}, \; \mathcal{F} = \mathcal{D}' * \mathcal{X}' + \mathcal{T}, \quad \|\mathcal{F} - \mathcal{D}' * \mathcal{X}' - \mathcal{T}\|_F \leqslant \delta \tag{5.13}$$

进一步地，式(5.13)的增广拉格朗日形式可以描述为

$$\begin{aligned}\mathcal{L}(\mathcal{A}, \mathcal{X}', \mathcal{T}, \mathcal{Y}_1, \mathcal{Y}_2) =& \|\mathcal{X}'\|_{\mathcal{W}, S_p}^p + \lambda \|\mathcal{T}\|_1 + \langle \mathcal{Y}_1, \mathcal{X}' - \mathcal{A} \rangle + \\ & \frac{\mu}{2} \|\mathcal{X}' - \mathcal{A}\|_F^2 + \langle \mathcal{Y}_2, \mathcal{F} - \mathcal{D}' * \mathcal{A} - \mathcal{T} \rangle + \\ & \frac{\mu}{2} \|\mathcal{F} - \mathcal{D}' * \mathcal{A} - \mathcal{T}\|_F^2 \end{aligned} \tag{5.14}$$

其中，$\mathcal{Y}_1$，$\mathcal{Y}_2$ 表示拉格朗日乘子张量；μ 表示惩罚系数，取值为正数。

上述优化问题根据交替乘子法可以分解为四个变量的子优化问题，即对变量 $(\mathcal{A}, \mathcal{X}', \mathcal{T}, \mathcal{Y})$ 依次交替优化迭代，过程如下：

（1）**更新 $\mathcal{A}$**。从式(5.14)提取所有包含变量 $\mathcal{A}$ 的项，固定其他四个变量，求解 $\mathcal{A}$：

$$\mathcal{A}^{k+1} = \underset{\mathcal{A}}{\operatorname{argmin}} \mathcal{L}\left(\mathcal{A},\ \mathcal{X}'^k,\ \mathcal{T}^k,\ \mathcal{Y}_1^k,\ \mathcal{Y}_2^k\right)$$

$$= \underset{\mathcal{A}}{\operatorname{argmin}} \left(\langle \mathcal{Y}_1^k,\ \mathcal{X}'^k - \mathcal{A} \rangle + \frac{\mu^k}{2} \left\| \mathcal{X}'^k - \mathcal{A} \right\|_F^2 + \langle \mathcal{Y}_2^k,\ \mathcal{F} - \mathcal{D}' * \mathcal{A} - \mathcal{T}^k \rangle + \frac{\mu}{2} \left\| \mathcal{F} - \mathcal{D}' * \mathcal{A} - \mathcal{T}^k \right\|_F^2 \right)$$

$$= \underset{\mathcal{A}}{\operatorname{argmin}} \left(\left\| \mathcal{P}_1^k - \mathcal{A} \right\|_F^2 + \left\| \mathcal{P}_2^k - \mathcal{D}' * \mathcal{A} \right\|_F^2 \right)$$

$$= \left(\mathcal{D}'^* * \mathcal{D}' + \mathcal{I} \right)^{-1} * \left(\mathcal{P}_1^k + \mathcal{D}'^* * \mathcal{P}_2^k \right) \tag{5.15}$$

其中，$\mathcal{P}_1^k = \mathcal{X}'^k + \mathcal{Y}_1^k / \mu^k$；$\mathcal{P}_2^k = \mathcal{F} - \mathcal{T}^k + \mathcal{Y}_2^k / \mu^k$。

（2）更新 $\mathcal{X}'$。从式(5.14)提取所有包含变量 $\mathcal{X}'$ 的项，固定其他四个变量，求解 $\mathcal{X}'$：

$$\mathcal{X}'^{k+1} = \underset{\mathcal{X}'}{\operatorname{argmin}} \mathcal{L}\left(\mathcal{A}^{k+1},\ \mathcal{X}',\ \mathcal{T}^k,\ \mathcal{Y}_1^k,\ \mathcal{Y}_2^k\right)$$

$$= \underset{\mathcal{X}'}{\operatorname{argmin}} \left(\left\| \mathcal{X}' \right\|_{\mathcal{W},\ S_p}^p + \langle \mathcal{Y}_1^k,\ \mathcal{X}' - \mathcal{A}^{k+1} \rangle + \frac{\mu^k}{2} \left\| \mathcal{X}' - \mathcal{A}^{k+1} \right\|_F^2 \right)$$

$$= \underset{\mathcal{X}'}{\operatorname{argmin}} \left(\left\| \mathcal{X}' \right\|_{\mathcal{W},\ S_p}^p + \frac{\mu^k}{2} \left\| \mathcal{X}' - \mathcal{A}^{k+1} + \mathcal{Y}_1^k / \mu^k \right\|_F^2 \right) \tag{5.16}$$

上述优化问题是一个典型的 WSNM 张量优化问题，求解方法参考算法 3.4，定义为

$$\mathcal{X}'^{k+1} = \text{WSNM-T}\left(\mathcal{A}^k - \frac{\mathcal{Y}_1^k}{\mu^k} \right) \tag{5.17}$$

（3）更新 $\mathcal{T}$。从式(5.14)提取所有包含变量 $\mathcal{T}$ 的项，固定其他四个变量，求解 $\mathcal{T}$：

$$\mathcal{T}^{k+1} = \underset{\mathcal{T}}{\operatorname{argmin}} \mathcal{L}\left(\mathcal{A}^{k+1},\ \mathcal{X}'^{k+1},\ \mathcal{T},\ \mathcal{Y}_1^k,\ \mathcal{Y}_2^k\right)$$

$$= \underset{\mathcal{A}}{\operatorname{argmin}} \lambda \|\mathcal{T}\|_1 + \frac{\mu^k}{2} \left\| \mathcal{O} - \mathcal{D}' * \mathcal{A}^{k+1} + \mathcal{Y}_2^k / \mu^k - \mathcal{T} \right\|_F^2 \tag{5.18}$$

上述优化问题是一个典型的 l_1 正则化问题，可以由阈值算子[120]求解，即

$$\mathcal{T}^{k+1} = \text{Th}_{\frac{\lambda}{\beta^k}} \left(\mathcal{F} - \mathcal{D}' * \mathcal{A}^{k+1} - \frac{1}{\mu^k} \mathcal{Y}_2^k \right) \tag{5.19}$$

（4）更新拉格朗日乘子 $\mathcal{Y}_1$，$\mathcal{Y}_2$，$\mathcal{Y}_3$ 和 μ^{k+1}。

拉格朗日乘子更新为

$$\begin{cases} \mathcal{Y}_1^{k+1} = \mathcal{Y}_1^k + \mu^k \left(\mathcal{X}'^{k+1} - \mathcal{A}^{k+1} \right) \\ \mathcal{Y}_2^{k+1} = \mathcal{Y}_2^k + \mu^k \left(\mathcal{O} - \mathcal{D}' * \mathcal{A}^{k+1} - \mathcal{T}^{k+1} \right) \end{cases} \tag{5.20}$$

惩罚系数更新为 $\mu^{k+1} = \min \left(\rho \mu^k, \mu_{\max} \right)$。

综上所述，给出了 MSLSTIPT 模型的求解步骤，如算法 5.1 所示。

算法 5.1 MSLSTIPT 模型求解算法

输入：红外图像序列 $f_1, f_2, \cdots, f_P \in \mathbb{R}^{m \times n}$，帧数步长 L，正则化参数 λ

输出：系数张量 $\mathcal{X} = \mathcal{V}_{\mathcal{D}} * \mathcal{X}'^{k+1}$，目标张量 $\mathcal{T} = \mathcal{T}^{k+1}$，背景张量 $\mathcal{B} = \mathcal{O} - \mathcal{T}$

初始化：将输入图像序列转换为张量 $\mathcal{F}$，根据算法 5.2 得到字典张量 $\mathcal{D}$，$\mathcal{A}_0 = \mathcal{X}'_0 = \mathcal{Y}_1^0 = 0$，$\mathcal{T}_0 = \mathcal{Y}_2^0 = 0$，$\mathcal{W} = \mathcal{I}$，$\mathcal{D}' = \mathcal{U}_{\mathcal{D}} * \mathcal{S}_{\mathcal{D}}$，指数参数 $p = 0.8$，$C = 5$，$\mu_0 = 10^{-2}$，$\mu_{\max} = 10^7$，$k = 0$，$\varepsilon = 10^{-7}$，$\rho = 1.1$

While: not converged **do**

1. 更新 $\mathcal{A}^{k+1}$：$\mathcal{A}^{k+1} = \left(\mathcal{D}'^* * \mathcal{D}' + \mathcal{I} \right)^{-1} * \left(\mathcal{P}_1^k + \mathcal{D}'^* * \mathcal{P}_2^k \right)$

2. 更新 $\mathcal{X}'^{k+1}$：$\mathcal{X}'^{k+1} = \text{WSNM-T} \left(\mathcal{A}^k - \dfrac{\mathcal{Y}_1^k}{\mu^k} \right)$

3. 更新 $\mathcal{T}^{k+1}$：$\mathcal{T}^{k+1} = \text{Th}_{\frac{\lambda}{\beta^k}} \left(\mathcal{F} - \mathcal{D}' * \mathcal{A}^{k+1} - \dfrac{1}{\mu^k} \mathcal{Y}_2^k \right)$

4. 由式(5.20)更新朗格朗日乘子

5. 更新 μ^{k+1}：$\mu^{k+1} = \min \left(\rho \mu^k, \mu_{\max} \right)$

6. 更新背景权重张量 $\mathcal{W}^{k+1}$：$\mathcal{W}_B^{k+1}(i, i, j) = \dfrac{1}{\overline{\mathcal{S}}^k(i, i, j) + \varepsilon_B}$

7. 判断下列收敛条件是否满足：

    $\max \left(\| \mathcal{A}_{k+1} - \mathcal{A}_k \|_\infty, \| \mathcal{X}'_{k+1} - \mathcal{X}'_k \|_\infty, \| \mathcal{T}_{k+1} - \mathcal{T}_k \|_\infty \right) \leqslant \varepsilon$

    $\max \left(\| \mathcal{A}_{k+1} - \mathcal{X}'_{k+1} \|_\infty, \| \mathcal{O} - \mathcal{D}' * \mathcal{A}_{k+1} - \mathcal{T}_{k+1} \|_\infty \right) \leqslant \varepsilon$

8. 更新迭代次数 $k = k + 1$

end While

最后，对恢复得到的目标图像采用自适应阈值进行阈值分割处理，输出最终的目标图像。该阈值定义为[77]

$$t_{\text{up}} = \max \left(v_{\min}, \mu + k\sigma \right) \tag{5.21}$$

式中，μ 和 σ 分别表示目标图像的均值和标准差；k 和 $v_{\min}$ 是根据实验设置的经验值，其中 $v_{\min}$ 通常为目标图像的最大灰度值的 60%[77]。当一个像素满足 $f_T(x, y) > t_{\text{up}}$ 条件时就可以认为是目标。

5.2.3 字典构建

在 MSLSTIPT 方法中，一个高质量的字典对于算法性能有着关键性的作用，因为字典中的基应该能够线性地表示原始的干净数据中的每个真实样本，这样才可以准确地学习到样本之间的关系，确保数据恢复的精度。在 SMSL 方法中，Wang 采用的是数据本身作为字典，该方法虽然比较简单易行，但是当数据被噪声严重污染时，使用受污染的数据直接作为字典会大大降低恢复精度。为了解决该问题，采用文献 [156] 提出的鲁棒张量主成分分析方法由原始数据计算得到更加"干净"的字典，它可以在一定程度上降低噪声的污染，从而在噪声干扰的情况下提高恢复的精度。利用鲁棒张量主成分分析方法的具体流程如算法 5.2 所示，其中鲁棒张量主成分分析方法的详细步骤可以参考文献 [156]。

算法 5.2 鲁棒张量主成分分析方法

输入：原始张量 $\mathcal{F} \in \mathbb{R}^{m \times n \times L}$

输出：字典张量 $\mathcal{D} = \mathcal{B}''$

1. 采用 R-TPCA 方法估计低秩分量 $\mathcal{B}'$，其中正则化参数为
   $\lambda = 1 \big/ \sqrt{L \max(m, n)}$
2. 计算得到 $\mathcal{B}'$ 的管道秩 $r_{\mathcal{B}'}$
3. 对 $\mathcal{B}'$ 进行截断得到 $\mathcal{B}''$，满足 $\mathrm{rank}_t(\mathcal{B}'') \leqslant r_{\mathcal{B}'}$
   $$\mathcal{B}'' = \arg\min_{\mathcal{B}} \|\mathcal{B} - \mathcal{B}'\|_F^2, \text{ s.t. } \mathrm{rank}_t(\mathcal{B}'') \leqslant r_{\mathcal{B}'}$$

5.2.4 复杂度分析

本节对本章所提的 MSLSTIPT 方法的算法复杂度进行了分析。给定红外图像序列 $f_1, f_2, \cdots, f_P \in \mathbb{R}^{m \times n}$，设转换为 STIPT 模型后可以得到 s 个三维张量，其中 $s = \lceil P/L \rceil$，每一个张量的维度为 $\mathcal{F} \in \mathbb{R}^{m \times n \times L}$。MSLSTIPT 方法的计算量主要在于更新优化 $\mathcal{A}$、$\mathcal{X}'$ 和 $\mathcal{T}$，其余变量的优化通过线性问题求解即可。

首先对于变量 $\mathcal{A}$，它的计算复杂度为 $\mathcal{O}(r(m+n)L\log(L) + rmnL)$；然后对于变量 $\mathcal{X}'$，它需要进行 FFT 操作、GST 操作和 $\left\lceil \dfrac{L+1}{2} \right\rceil$ 次 SVD 操作，所以在 k 次迭代中所有的计算量为 $\mathcal{O}(ksrnL(\log L + (n\lceil (L+1)/2 \rceil)/L) + kJn)$，其中 J 表示 GST 的迭代次数；最后优化变量 $\mathcal{T}$ 的计算复杂度为 $\mathcal{O}(nr)$。因此，MSLSTIPT 的算法复杂度为 $\mathcal{O}(ksrnL(\log L + (n\lceil (L+1)/2 \rceil)/L) + kJn + nr)$。

5.3 实验与结果分析

本节针对所提的 MSLSTIPT 方法进行测试，选取了 6 种方法进行性能对比，从定性和定量的角度说明 MSLSTIPT 方法的有效性。本节采用的评价指标与 2.3 节相同，包括 LSNRG、SCRG、BSF、CG、P_d 和 F_a，这里不再赘述。

5.3.1 实验数据

为了验证本章所提的 MSLSTIPT 方法的有效性，选取包含高亮杂波干扰的 6 组红外图像序列进行实验，主要是以地面场景为主，因为地面场景中的建筑物或者水面是包含高亮场景干扰的典型场景，这些地面场景数据来源于空天杯比赛的数据。它们的代表帧如图 5.2 所示，具体的目标特性和背景特性描述见表 5.1，其中 $\overline{\text{SCR}}$ 表示序列图像的平均信杂比。

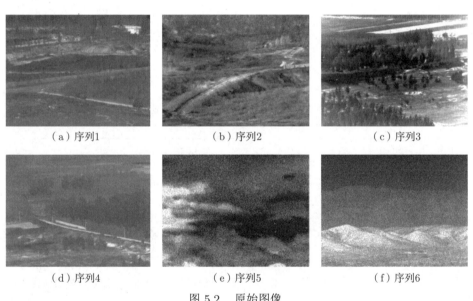

（a）序列1　　　　（b）序列2　　　　（c）序列3

（d）序列4　　　　（e）序列5　　　　（f）序列6

图 5.2　原始图像

5.3.2 参数设置

本章提出的 MSLSTIPT 方法包含一些关键参数，本节给出了后续实验所使用的参数值。首先是正则项系数 λ 的设置，该参数对目标检测性能有重要影响，参照之前的章节，设置它为 $\lambda = \dfrac{H}{\sqrt{\max(m,n) \times L}}$ [111]，且其可根据张量大小自适应进行调整,其中 H 表示权重微调参数,另外预设帧数步长 $L=3$,指数参数 $p=0.8$。进一步地,会在后续章节定性分析参数 H 和 L 对本章所提 MSLSTIPT 方法的检测性能的影响。

表 5.1　实验场景描述

序号	帧数	尺寸	背景特性	目标特性	$\overline{\text{SCR}}$
1	120	256 像素×256 像素	地面场景,高亮区域为灯塔和屋顶	缓慢运动,微弱目标	1.06
2	120	256 像素×256 像素	地面场景,高亮区域为路面和建筑物	快速运动,明亮目标	1.14
3	120	256 像素×256 像素	地面场景,大片高亮区域	缓慢运动,微小目标	1.04
4	120	256 像素×256 像素	地面场景,高亮区域为路面和建筑物	快速运动,对比度弱	1.77
5	124	200 像素×158 像素	天空场景,高亮云层干扰	弱目标	0.73
6	120	256 像素×256 像素	地面场景,高亮山体	弱目标	1.80

5.3.3　对比方法

本节共选择 6 种方法与所提 MSLSTIPT 方法进行性能对比,包括最大中值滤波方法[6]、Top-hat 滤波方法[96]、IPI 方法[77]、RIPT 方法[83](上述 4 种方法的参数设置参考表 3.2)、SMSL 方法[136];考虑到上述 5 种方法都是针对单帧图像的目标检测方法,本节还选取了一种基于 STIPT 模型的算法,即 TV-STIPT 方法,其参数设置参考 4.3.2 节。

5.3.4　MSLSTIPT 方法的有效性验证

本节首先验证了 MSLSTIPT 方法对不同场景的鲁棒性,包括单目标场景、多目标场景和噪声干扰场景,其中生成多目标场景的仿真图像的方法与 3.2.3.3 节相同,噪声场景中添加的是标准差为 20 的高斯白噪声,检测结果如图 5.3 所示。为了方便观察,同样采用方框对目标进行标记。由单目标场景和多目标场景的检测结果可知,MSLSTIPT 方法都能够有效地实现所有目标的检测,在场景 4 中可以观察到 MSLSTIPT 方法对背景的高亮人造物区域进行了很好的抑制;在严重噪声干扰的场景下,目标十分微弱,其灰度值与邻域背景区域几乎没有区别,但是 MSLSTIPT 方法仍然能够克服噪声的影响,准确检测目标的位置,验证了它对噪声的鲁棒性。

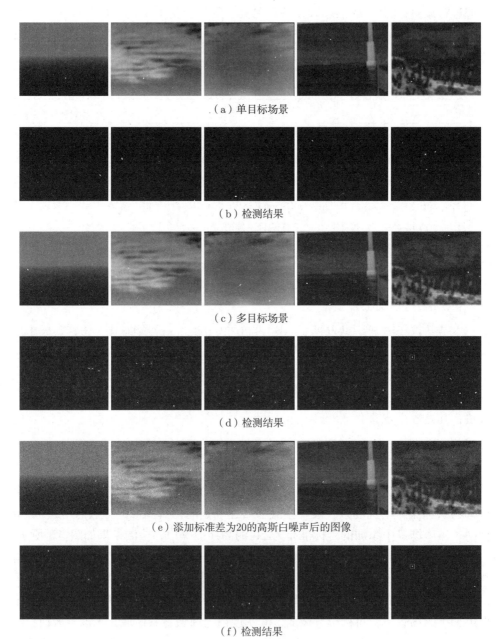

图 5.3 MSLSTIPT 方法在不同典型场景下的检测结果

5.3.5 参数影响分析

本节对 MSLSTIPT 方法中的重要参数对性能的影响进行定性分析，主要包括 H 和 L 的取值。首先固定其余参数的值然后改变待分析参数的值，再对序列 1~ 序列 6 进行检测后得到 ROC 曲线。

5.3.5.1 权重微调参数 H

在 MSLSTIPT 方法中，通过改变 H 调整 λ 的值，从而决定对稀疏目标成分的权重。在本节中，将 H 从 1 增大到 10，帧数步长 $L=6$，对 6 组测试序列进行检测，结果如图 5.4 所示。由结果可知，当 $H \leqslant 2$ 时，目标的检测性能表现相对其他取值较差，过小的 H 会导致目标残留较多背景的噪声或者杂波，导致虚警率提高；但是由序列 2 和序列 4 的结果可知，在同样的虚警概率下，$H=10$ 的检测概率最低，所以 H 也不宜取值过大，会导致目标漏检。在后续实验中，设置 $H=4$。

5.3.5.2 帧数步长

在 MSLSTIPT 方法中，为了同时利用时域和空域信息，利用 STIPT 模型对序列图像的连续 L 帧构建张量块，所以本节对 L 的取值对算法性能的影响进行了分析。将 L 从 1 增大到 10，H 固定为 4，对 6 组测试序列进行检测，结果如图 5.5 所示。由序列 4~ 序列 6 的结果可知，在相同的虚警概率下，$L=1$ 和 $L=2$ 的检测概率相对其他取值较低，适当地增大 L 有利于增强时域的关联程度，有利于目标检测；另外，由序列 1~ 序列 6 的检测结果可知，$L \geqslant 8$ 时的目标检测概率达到 1 的速度略低于 $2 < L < 8$ 时的速度，所以 L 也不宜取值过大，会导致时域上的关联性降低，从而影响检测性能。在后续实验中，设置 $L=6$。

5.3.6 对比实验

本节将所提出的 MSLSTIPT 方法与其他 6 种方法进行性能对比，以验证其优越性，本节选取每组序列的一幅代表性图片及算法处理后的目标图像如图 5.6 所示。

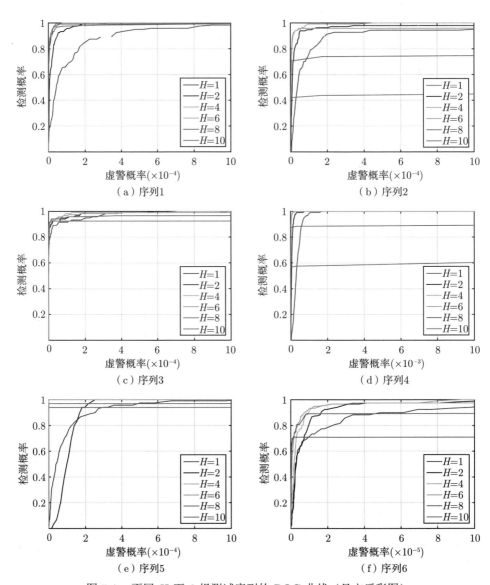

图 5.4 不同 H 下 6 组测试序列的 ROC 曲线（见文后彩图）

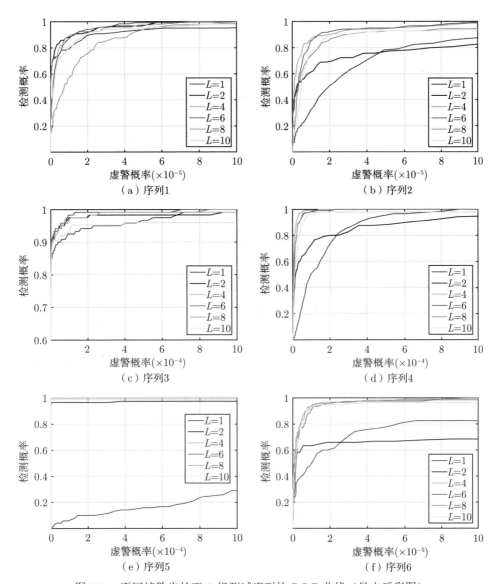

图 5.5 不同帧数步长下 6 组测试序列的 ROC 曲线（见文后彩图）

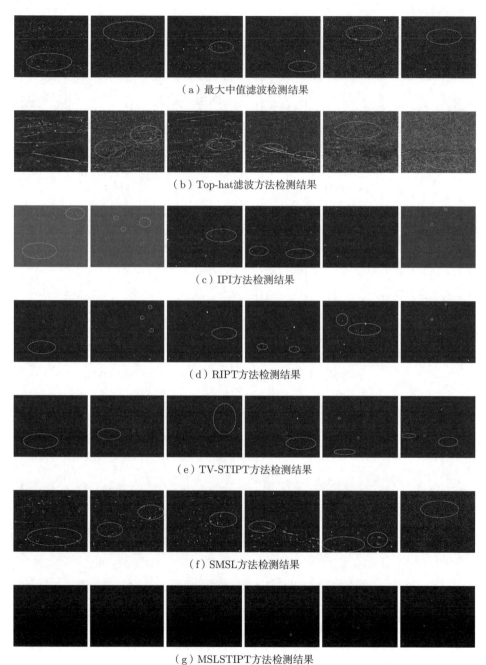

(a) 最大中值滤波检测结果

(b) Top-hat滤波方法检测结果

(c) IPI方法检测结果

(d) RIPT方法检测结果

(e) TV-STIPT方法检测结果

(f) SMSL方法检测结果

(g) MSLSTIPT方法检测结果

图 5.6　不同检测方法的红外弱小目标检测结果

由图 5.6(a) 可知，6 组检测序列均包含了高亮杂波干扰，其中以地面场景为主 (序列 1～ 序列 4，序列 6)，还包括一组天空场景 (序列 5)。接下来对不同方法的目标检测结果进行分析。由图 5.6(b) 可知，最大中值滤波方法的目标图像中残留了很多背景图像中的噪点和干扰，很容易引起虚警。由图 5.6(c) 可知，Top-hat 滤波方法的目标图像中残留了很多背景图像中的高亮杂波结构性干扰，尤其是在序列 5 和序列 6 中已经完全无法对目标进行有效辨别。由图 5.6(d) 可知，尽管 IPI 方法的目标图像背景残留相较于两类滤波方法抑制得更好，但是该方法在序列 2 和序列 5 中丢失了目标。由图 5.6(e) 可知，RIPT 方法在目标图像中会残留一些高亮干扰点，同时在序列 2、序列 5 和序列 6 中均丢失了目标。由图 5.6(f) 可知，TV-STIPT 方法能够有效检测到所有目标，但是在序列 4～ 序列 6 中的目标图像中仍然残留一定数目的高亮杂波干扰。由图 5.6(g) 可知，SMSL 方法的目标检测图像中残留较多的背景杂波，这是由于它只利用了空域信息，同时它的算法性能取决于滤波窗口的尺寸与高亮背景区域的匹配程度，当滤波窗口中包含多种背景类型时，该算法的性能下降比较明显。由图 5.6(h) 可知，本章所提的 MSLSTIPT 方法能够有效检测到所有目标，仅仅在序列 4 的代表图像中残留了很少的背景干扰，在其他测试图像上都很好地抑制了背景干扰，这是由于该方法利用了时空域信息，同时采用了张量空间的 MSL 理论对背景图像中包含的各种高亮区域进行建模，将这些高亮结构更好地保留在分离出来的背景图像中，从而在目标图像中实现了较好的杂波抑制效果，MSLSTIPT 方法和其他对比方法比较而言取得了最好的检测结果。

同时，为了更加直观地比较不同算法对背景杂波干扰的抑制能力，选取 6 组序列中检测难度较大的序列 3 和序列 6 的三维图像进行展示，如图 5.7 和图 5.8 所示。由图可知 MSLSTIPT 方法相较于其他 6 种方法具有更好地背景杂波干扰抑制能力，目标的邻域背景中的像素灰度值都基本抑制到零。

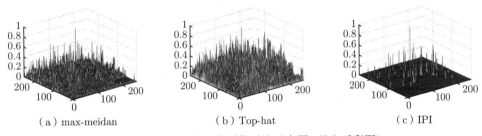

(a) max-meidan   (b) Top-hat   (c) IPI

图 5.7　序列 3 的三维图像对比示意图 (见文后彩图)

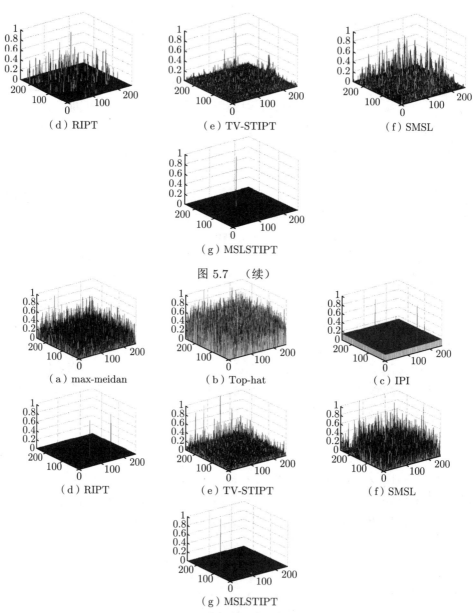

(d) RIPT　　(e) TV-STIPT　　(f) SMSL

(g) MSLSTIPT

图 5.7　（续）

(a) max-meidan　　(b) Top-hat　　(c) IPI

(d) RIPT　　(e) TV-STIPT　　(f) SMSL

(g) MSLSTIPT

图 5.8　序列 6 的三维图像对比示意图（见文后彩图）

接下来采用 2.3 节提到的评价指标对 7 种方法的性能进行定量分析和对比。对序列 1~序列 6 的代表性帧进行指标计算，结果如表 5.2~表 5.4 所示，其中最大的数值用粗体标出。由结果可以看出，MSLSTIPT 方法在所有指标中都表现最优，验证了算法在背景抑制能力方面的优越性。

表 5.2　不同方法在序列 1 ~ 序列 2 的评价指标

方法	序列 1 的第 93 帧				序列 2 的第 42 帧			
	LSNRG	BSF	SCRG	CG	LSNRG	BSF	SCRG	CG
max-meidan	1.89	2.45	11.37	4.64	2.68	3.30	171.86	52.05
Top-hat	1.02	1.20	3.24	2.69	1.12	1.04	12.04	11.56
IPI	1.56	9.78	9.28	0.95	1.57	Inf	NaN	0
RIPT	2.60	8.98	64.04	7.13	NaN	Inf	NaN	0
TV-STIPT	7.70	6.73	18.05	2.68	10.39	9.51	367.95	38.69
SMSL	1.55	3.72	15.18	4.08	0.66	3.81	58.02	15.23
MSLSTIPT	Inf	Inf	Inf	**7.45**	Inf	Inf	Inf	**112.92**

注：Inf 表示代表目标的局部背景邻域像素灰度被抑制到零；NaN 表示目标出现漏检情况，即目标区域和邻域背景区域像素灰度值均为零；加粗数字表示最大的数值。

表 5.3　不同方法在序列 3 ~ 序列 4 的评价指标

方法	序列 3 的第 4 帧				序列 4 的第 57 帧			
	LSNRG	BSF	SCRG	CG	LSNRG	BSF	SCRG	CG
max-meidan	1.24	2.60	6.58	2.53	2.58	2.65	10.28	3.87
Top-hat	1.23	1.53	1.63	1.07	1.14	0.89	2.32	2.61
IPI	1.62	5.28	15.60	2.95	2.43	7.48	62.57	8.37
RIPT	1.64	5.30	29.39	5.55	1.68	6.02	59.78	9.84
TV-STIPT	1.77	6.29	14.35	2.28	1.63	2.22	9.65	4.34
SMSL	0.98	1.89	3.51	1.86	0.74	1.33	2.90	2.19
MSLSTIPT	Inf	Inf	Inf	**5.56**	Inf	Inf	Inf	**9.84**

注：Inf 表示代表目标的局部背景邻域像素灰度被抑制到零；NaN 表示目标出现漏检情况，即目标区域和邻域背景区域像素灰度值均为零；加粗数字表示最大的数值。

表 5.4　不同方法在序列 5 ~ 序列 6 的评价指标

方法	序列 5 的第 89 帧				序列 6 的第 117 帧			
	LSNRG	BSF	SCRG	CG	LSNRG	BSF	SCRG	CG
max-meidan	1.18	1.76	4.71	2.68	0.88	2.62	12.59	4.80
Top-hat	1.03	1.35	0.47	0.35	1.17	1.10	3.08	2.81
IPI	NaN	Inf	NaN	0	7.29	Inf	Inf	1.15
RIPT	NaN	Inf	NaN	0	NaN	Inf	NaN	0
TV-STIPT	6.02	7.31	24.83	3.40	1.80	4.97	23.41	4.71
SMSL	0.60	3.15	4.50	1.43	0.78	2.42	7.76	3.21
MSLSTIPT	Inf	Inf	Inf	**7.48**	Inf	Inf	Inf	**12.33**

注：Inf 表示代表目标的局部背景邻域像素灰度被抑制到零；NaN 表示目标出现漏检情况，即目标区域和邻域背景区域像素灰度值均为零；加粗数字表示最大的数值。

进一步地，我们给出了不同方法检测 6 组测试序列的 ROC 曲线，如图 5.9 所示。由图可以看出，在序列 1~序列 6 的 ROC 曲线中，本章所提的 MSLSTIPT 方法的检测概率 P_d 均率先达到 1。TV-STIPT 方法的检测性能仅次于 MSLSTIPT 方法，表现次优；当目标尺寸与滤波器大小匹配时，最大中值滤波方法和 Top-hat

滤波方法两类方法的性能表现尚可，但是由序列 5 和序列 6 的结果可知，这两类算法的鲁棒性较差；IPI 方法在序列 5 中表现最差，这是由于它对同样具有稀疏性的噪声和干扰比较敏感；RIPT 方法在序列 2、序列 5 和序列 6 中都存在丢失目标的情况，所以检测概率难以达到 1；SMSL 方法表现不好的主要原因在于该方法的性能也取决于滑动窗口的大小与干扰结构的匹配程度，另外该方法对噪声也比较敏感。

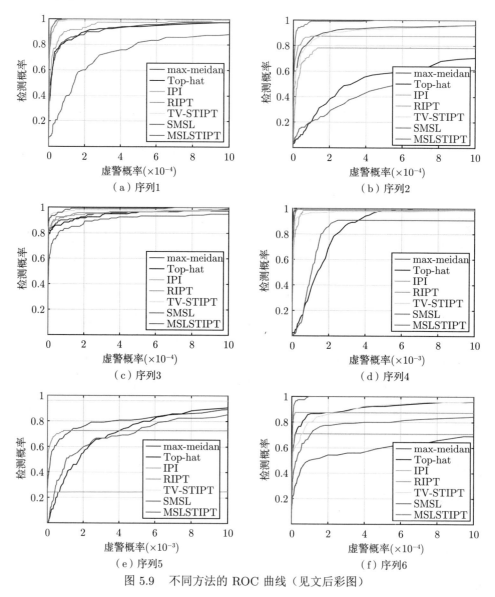

图 5.9　不同方法的 ROC 曲线（见文后彩图）

综合上述实验结果和分析可知，MSLSTIPT 方法与其余 6 种对比算法比较而言表现最好。

5.3.7 运行时间对比

本节对比了上述 7 种方法对序列 1 ~ 序列 6 的处理时间，结果如表 5.5 所示。由结果可知，Top-hat 滤波方法处理速度最快，但是它的目标检测性能和背景抑制能力与其余方法有一定的差距。本章所提出的 MSLSTIPT 方法的处理时间比 IPI 方法、RIPT 方法和 TV-STIPT 方法更少，尽管在序列 1~ 序列 5 上，MSLSTIPT 方法比 SMSL 方法的处理时间更长，但是两者的目标检测性能差距较大，综合来说，MSLSTIPT 方法是可以兼顾效率和性能的。另外，SMSL 方法在序列 6 的处理时间反而比 MSLSTIPT 方法更长，说明该算法的收敛速度在不同的场景下差异较大，鲁棒性一般。

表 5.5　不同方法对测试序列的处理时间对比　　　　s

方法	序列 1	序列 2	序列 3	序列 4	序列 5	序列 6
max-median	245.88	207.48	209.42	205.67	114.20	209.48
Top-hat	6.02	2.18	2.56	2.16	2.20	2.70
IPI	847.93	795.44	806.31	776.57	320.48	883.69
RIPT	659.69	491.29	545.07	550.17	154.20	476.02
TV-STIPT	534.85	486.52	632.15	638.31	178.33	472.80
SMSL	97.61	111.06	107.25	112.05	40.76	592.19
MSLSTIPT	448.21	444.34	506.60	494.23	145.60	409.98

5.4　本章小结

本章首先介绍了 MSL 理论，然后针对包含高亮杂波干扰的场景提出了 MSLSTIPT 方法。该方法将 MSL 理论与 STIPT 模型相结合，同时利用空域和时域信息，可以很好地抑制高亮杂波的干扰，实现准确的目标检测。再推导了基于交替乘子法的求解方法，将联合优化问题分解为多个子问题迭代优化求解，同时利用瘦形奇异值分解和张量奇异值分解的重要性质大大降低了算法复杂度。最后，通过仿真实验验证了 MSLSTIPT 方法相对于其他 6 种方法的优越性。

第6章

基于非独立同分布混合高斯模型和改进通量密度的目标检测方法

目前,大多数红外弱小目标检测算法通常假设图像中的噪声服从独立高斯分布,然后采用弗罗贝尼乌斯范数对其进行约束,但是在实际应用中,红外探测系统获取到的图像通常包含复杂的噪声种类,例如高斯噪声、椒盐噪声和盲元等,这些噪声在图像中也具有点目标的特征,极易引起虚警。所以当红外图像包含复杂噪声时,如何稳健地实现弱小目标检测是一个十分具有研究价值的课题。

为了缓解该问题,Gao[88] 针对包含复杂噪声的红外图像序列提出了一种基于 MRF 方法和 MoG 模型的目标检测方法,简称"MRF-MoG"。该方法采用了 MoG 模型对噪声建模,将小目标作为复杂背景噪声中的一种特殊的稀疏噪声成分,并采用 MRF 方法对真实目标和噪声进行判断。该方法首先将每帧图像转化为红外图像块模型,即图像块向量化后的矩阵,然后将时域上连续的三帧图像转化后的矩阵在列向量的维度进行拼接,形成一个新的矩阵,该矩阵不仅包含空域信息,同时包含有时域信息;同时,Gao 提出了基于贝叶斯框架的 MRF 引导混合高斯分布噪声模型来建模小目标检测问题,利用变分贝叶斯算法有效地将目标从复杂的背景噪声中分离出来。MoG 模型虽然在一定程度上提高了复杂噪声下的弱小目标检测性能,但是它仍然有两点不足:① MoG 模型假设序列中不同帧图像的噪声服从独立同分布 (independent and identical distribution, i.i.d) 的混合高斯分布噪声模型,当帧间噪声分布不满足该假设条件时,算法的检测性能会受到严重影响;② MRF 对噪声和目标进行准确判断的前提是假设噪声不会分布在真实目标附近,这一假设在复杂噪声场景下不一定成立。

因此,本章针对序列图像不同帧的噪声服从非独立同分布的情况,提出了基于非独立同分布混合高斯 (non-i.i.d mog, NMoG) 模型[157]和改进通量密度 (modified flux density, MFD) 模型[158]的目标检测算法。首先采用 NMoG 模型对不同帧的噪声分布进行准确建模，然后采用低秩矩阵分解 (low-rank matrix factorization, LRMF) 模型将目标作为复杂背景噪声中的一种特殊的稀疏噪声成分进行分离，该问题可以基于贝叶斯框架进行求解；考虑到有些噪声点和真实目标同样具有稀疏性，最后采用 MFD 方法对它们进行识别，得到目标检测结果。

本章内容安排如下：6.1 节介绍了 MoG 模型，为后续数学模型的建立奠定基础。6.2 节基于 NMoG 对不同帧之间的噪声进行准确建模，提出了 MFD-NMoG 方法，并基于变分贝叶斯框架推导了求解方法。6.3 节利用仿真实验验证所提 MFD-NMOG 方法的性能。6.4 节为本章小结。

6.1 MoG 模型

MoG 模型本质是一种基于概率模型的聚类算法，它通常假设存在一定数量的高斯分布，并且每个高斯分布代表一个簇，该方法采用软聚类的方法倾向于将属于同一类分布的数据分在一个簇中。

在介绍 MoG 模型之前，首先介绍单高斯模型，该模型的典型代表就是正态分布，该分布由于具有良好的数学性质在很多领域中得到了广泛应用。一般的高斯分布概率密度函数定义为

$$\phi(y|\theta) = \frac{1}{\sqrt{2\pi}\sigma} \exp\left(-\frac{(y-\mu)^2}{2\sigma^2}\right) \tag{6.1}$$

其中，$\theta = (\mu, \sigma^2)$，μ 和 σ 分别表示高斯分布的均值和标准差。

MoG 模型采用混合的 K 个单高斯模型对数据进行建模，其中每一个高斯分布称为一个类，其概率密度分布定义如下：

$$P(y|\theta) = \sum_{k=1}^{K} \alpha_k \phi(y|\theta_k) \tag{6.2}$$

式中，α_k 表示样本中第 k 类样本被选中的概率，即 $\alpha_k = P(z=k|\theta)$，其中 $z=k$ 表示样本点 z 属于第 k 类，显然 $\alpha_k \geqslant 0$ 而且满足 $\sum_{k=1}^{K} \alpha_k = 1$；$y$ 表示观测数据，易知 $\phi(y|\theta_k) = P(y|z=k, \theta)$。

对于红外图像而言，不妨假设共有 K 类，MoG 模型需要对每一个像素点进行判断，即像素 j 属于第 k 类的概率，这一概率可由变分贝叶斯框架进行求解得到。

6.2 MFD-NMoG 模型的建立与求解

本章所提的 MFD-NMoG 方法流程如图 6.1 所示，主要包括 5 个步骤：①将红外图像序列转化为时空域图像块矩阵；②利用 NMoG-LMRF 方法将样本矩阵划分为背景矩阵和 K 个噪声矩阵；③将矩阵重构为图像序列，并根据设定的准则挑选包含真实目标的噪声图像；④利用 MFD 方法对目标和噪声点进行判别，得到目标图像；⑤进行阈值分割得到最终目标图像。

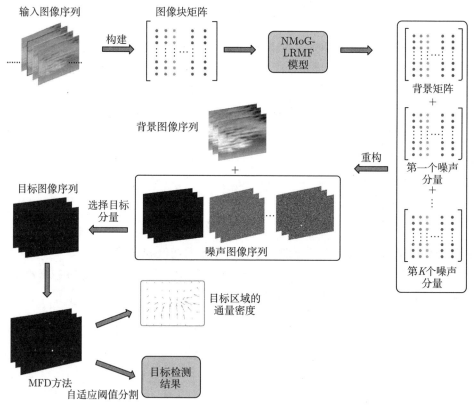

图 6.1　MFD-NMoG 检测方法流程

首先，将输入的红外图像序列中的每一帧图像的所有像素点进行向量化，然后沿列的方向进行拼接形成一个矩阵，即矩阵中的每一列代表原始图像序列中的一帧图像。设输入图像序列为 f_1, f_2, $\cdots$, $f_P \in \mathbb{R}^{m \times n}$，转化后的矩阵记为 $\boldsymbol{F}$，尺寸为 $N \times P$，其中 $N=m \times n$ 和 P 分别代表空域和时域上的维度。原始矩阵 $\boldsymbol{F}$ 可以表示为如下的加性模型：

$$\boldsymbol{F} = \boldsymbol{B} + \boldsymbol{E} \tag{6.3}$$

其中，$\boldsymbol{B}$ 和 $\boldsymbol{E}$ 分别表示背景分量和噪声分量；目标分量 $\boldsymbol{T}$ 可以视为一种具有稀疏性的特殊"噪声"[88]，可以在得到噪声分量 $\boldsymbol{E}$ 后将其分离出来。下面对背景分量和噪声分量分别进行建模分析。

6.2.1 模型的建立

6.2.1.1 背景分量

首先，由于背景区域变化较为平缓，所以背景矩阵 $\boldsymbol{B}$ 满足低秩性，可以表示为

$$\boldsymbol{B} = \boldsymbol{U}\boldsymbol{V}^{\mathrm{T}} = \sum_{l=1}^{R} \boldsymbol{u}_{\cdot l} \boldsymbol{v}_{\cdot l}^{\mathrm{T}} \tag{6.4}$$

其中，$\boldsymbol{U} \in \mathbb{R}^{N \times R}$，$\boldsymbol{V} \in \mathbb{R}^{P \times R}$，$\boldsymbol{u}_{\cdot l}$ 和 $\boldsymbol{v}_{\cdot l}$ 表示对应矩阵的第 l 列；R 表示矩阵 $\boldsymbol{B}$ 的秩，由于 $\boldsymbol{B}$ 满足低秩性，所以 $\boldsymbol{u}_{\cdot l}$ 和 $\boldsymbol{v}_{\cdot l}$ 满足如下高斯分布

$$\boldsymbol{u}_{\cdot l} \sim N\left(\boldsymbol{u}_{\cdot l} \mid 0, \gamma_l^{-1} \boldsymbol{I}_N\right), \ \boldsymbol{v}_{\cdot l} \sim N\left(\boldsymbol{v}_{\cdot l} \mid 0, \gamma_l^{-1} \boldsymbol{I}_P\right) \tag{6.5}$$

其中，$\boldsymbol{I}_N (\boldsymbol{I}_P)$ 表示尺寸为 $N \times N (P \times P)$ 的单位矩阵；γ_l 表示 $\boldsymbol{u}_{\cdot l}$ 和 $\boldsymbol{v}_{\cdot l}$ 的精度，其定义为方差的倒数，它满足伽马分布：

$$\gamma_l \sim \mathrm{Gam}\left(\gamma_l \mid \xi_0, \delta_0\right) \tag{6.6}$$

其中，ξ_0，δ_0 表示初始化参数。在得到 $\boldsymbol{U}$ 和 $\boldsymbol{V}$ 后，就可以精确估计背景分量 $\boldsymbol{B}$[159]。

6.2.1.2 噪声分量

Gao 在 MRF-MoG 方法中[88]假设图像序列中不同帧图像的噪声分布服从独立同分布，但是实际场景中，每一帧图像的噪声分布可能都不一样，所以采用 NMoG 模型对这一类型的复杂噪声进行准确建模，噪声矩阵 $\boldsymbol{E}$ 的第 i 行第 j 列元素 e_{ij} 可以分类到 K 个噪声分布中的某一类，可以表示为

$$e_{ij} \sim \sum_{k=1}^{K} \pi_{jk} N\left(e_{ij} \mid \mu_{jk}, \tau_{jk}^{-1}\right) \tag{6.7}$$

其中，π_{jk} 表示概率系数，显然它是非负的，同时满足 $\sum_{k=1}^{K}\pi_{jk}=1$；μ_{jk} 和 τ_{jk} 分别表示高斯分布的均值和精度。注意到矩阵 $\boldsymbol{E}$ 的第 j 列代表序列中的第 j 幅图像，在 MoG 方法中，它假设参数 π_{jk}、μ_{jk} 和 τ_{jk} 在不同帧的图像中不会改变，即上述参数变为 π_k、μ_k 和 τ_k，则认为上述参数在不同帧之间会发生改变。

然后引入指标变量 z_{ij} 将式(6.7)转化为一个两层的生成模型，其中 z_{ij} 满足参数为 $\boldsymbol{\pi}_j$ 的多项式分布 (multinomial distribution)：

$$e_{ij} \sim \prod_{k=1}^{K} N\left(e_{ij}\left|\mu_{jk},\ \tau_{jk}^{-1}\right.\right)^{z_{ijk}} \tag{6.8}$$

$$\boldsymbol{z}_{ij} \sim \mathrm{Multinominal}\left(\boldsymbol{z}_{ij}\left|\boldsymbol{\pi}_j\right.\right)$$

其中，$\boldsymbol{z}_{ij}=(z_{ij1},\ z_{ij2},\ \cdots,\ z_{ijK})\in\{0,\ 1\}^K$，$\sum_{k=1}^{K}z_{ijk}=1$；为了进一步完善贝叶斯模型，定义 μ_{jk}、τ_{jk} 和 $\boldsymbol{\pi}_j=[\pi_{j1},\ \pi_{j2},\ \cdots,\ \pi_{jK}]$ 的共轭先验如下：

$$\mu_{jk},\ \tau_{jk} \sim N\left(\mu_{jk}\left|m_0,\ (\beta_0\tau_{jk})^{-1}\right.\right)\mathrm{Gam}\left(\tau_{jk}|c_0,\ d\right)$$

$$d \sim \mathrm{Gam}\left(d|\eta_0,\ \lambda_0\right) \tag{6.9}$$

$$\boldsymbol{\pi}_j \sim \mathrm{Dir}\left(\boldsymbol{\pi}_j|\boldsymbol{\alpha}_0\right)$$

式中，β_0，m_0，c_0，d 表示超参数，其中 d 服从参数为 η_0，λ_0 的 Gamma 分布；Dir($\cdot$) 表示 Dirichlet 分布，$\boldsymbol{\pi}_j$ 服从参数为 $\boldsymbol{\alpha}_0=(\alpha_{01},\ \alpha_{02},\ \cdots,\ \alpha_{0K})$ 的 Dirichlet 分布。由此，噪声分量可由式(6.8)和式(6.9)建模。

综合式(6.4)~式(6.9)，在已知 $\boldsymbol{F}$ 的前提下，根据贝叶斯理论，要得到所有参数的后验估计：

$$p(\boldsymbol{U},\ \boldsymbol{V},\ \boldsymbol{\mathcal{Z}},\ \boldsymbol{\mu},\ \boldsymbol{\tau},\ \boldsymbol{\pi},\ \boldsymbol{\gamma},\ d|\boldsymbol{F}) \tag{6.10}$$

其中，$\boldsymbol{\mathcal{Z}}=\{z_{ij}\}_{N\times P}$，$\boldsymbol{\mu}=\{\mu_{jk}\}_{B\times K}$，$\boldsymbol{\tau}=\{\tau_{jk}\}_{B\times K}$，$\boldsymbol{\pi}=(\boldsymbol{\pi}_1,\ \boldsymbol{\pi}_2,\ \cdots,\ \boldsymbol{\pi}_P)$，$\boldsymbol{\gamma}=(\gamma_1,\ \gamma_2,\ \cdots,\ \gamma_R)$。

6.2.2 模型求解

本节采用变分贝叶斯 (variational bayesian，VB) 方法[160]对式(6.10)的参数进行估计。VB 方法的核心思想是在已知观测数据 $\boldsymbol{D}$ 的前提下，求解能够使得真

实分布 $p(\boldsymbol{x}|\boldsymbol{D})$ 和估计分布 $q(\boldsymbol{x})$ 的 Kullback–Leibler(KL) 散度最小的变量 $\boldsymbol{x}$，其中 KL 散度是度量两个分布相似程度的指标，可以描述为

$$q^*(\boldsymbol{x}) = \min_{q \in \Omega} \text{KL}\left(q(\boldsymbol{x}) \| p(\boldsymbol{x}|\boldsymbol{D})\right) \tag{6.11}$$

其中，Ω 表示在一定约束条件下使最小化问题易于求解的概率密度集合。根据平均场近似 (mean field approximation) 理论，$q(\boldsymbol{\theta})$ 可以分解为 $q(\boldsymbol{\theta}) = \prod_i q_i(\boldsymbol{\theta}_i)$，由此式(6.10)的概率分布可以由下式进行求解：

$$p(\boldsymbol{U}, \boldsymbol{V}, \boldsymbol{Z}, \boldsymbol{\mu}, \boldsymbol{\pi}, \boldsymbol{\tau}, \boldsymbol{\gamma}, \boldsymbol{d}) = \prod_i q(\boldsymbol{u}_{i\cdot}) \prod_j q(\boldsymbol{v}_{j\cdot}) \\ \prod_{ij} q(\boldsymbol{z}_{ij}) \times \prod_j q(\boldsymbol{\mu}_j, \boldsymbol{\tau}_j) q(\boldsymbol{\pi}_j) \prod_l q(\gamma_l) q(d) \tag{6.12}$$

6.2.2.1 噪声分量的求解

对于第 j 帧的噪声分量，需要求解四个参数，包括 $\boldsymbol{\mu}_j$、$\boldsymbol{\tau}_j$、$\boldsymbol{Z}$ 和 $\boldsymbol{\pi}_j$。首先根据下式更新 $\boldsymbol{\mu}_j$ 和 $\boldsymbol{\tau}_j$：

$$q^*(\boldsymbol{\mu}_j, \boldsymbol{\tau}_j) = \prod_k N\left(\mu_{jk} \middle| m_{jk}, \frac{1}{\beta_{jk}\tau_{jk}}\right) \text{Gam}(\tau_{jk}|c_{jk}, d_{jk}) \tag{6.13}$$

式中，

$$\begin{aligned} m_{jk} &= \frac{1}{\beta_{jk}} \left\{ m_0 \beta_0 + \sum_i \langle z_{ijk} \rangle \left(f_{ij} - \langle \boldsymbol{u}_{i\cdot} \rangle \langle \boldsymbol{v}_{j\cdot} \rangle^{\mathrm{T}} \right) \right\}, \\ \beta_{jk} &= \beta_0 + \sum_i \langle z_{ijk} \rangle, \quad c_{jk} = c_0 + \frac{1}{2} \sum_i \langle z_{ijk} \rangle, \\ d_{jk} &= \langle d \rangle + \frac{1}{2} \left\{ \sum_i \langle z_{ijk} \rangle \left\langle \left(f_{ij} - \boldsymbol{u}_{i\cdot} \boldsymbol{v}_{j\cdot}^{\mathrm{T}} \right)^2 \right\rangle + \beta_0 m_0^2 - \right. \\ &\left. \frac{1}{\beta_{jk}} \left(\sum_i \langle z_{ijk} \rangle \left(f_{ij} - \langle \boldsymbol{u}_{i\cdot} \rangle \langle \boldsymbol{v}_{j\cdot} \rangle^{\mathrm{T}} \right) + \beta_0 m_0 \right)^2 \right\} \end{aligned} \tag{6.14}$$

其中，f_{ij} 表示矩阵 $\boldsymbol{F}$ 的第 i 行第 j 列个元素。

变量 z_{ij} 可以根据平均场近似估计理论得到近似解：

$$q(\boldsymbol{z}_{ij}) = \prod_k r_{ijk}^{z_{ijk}} \tag{6.15}$$

其中，
$$r_{ijk} = \frac{\rho_{ijk}}{\sum\limits_{k}\rho_{ijk}} \tag{6.16}$$

$$\ln\rho_{ijk} = \langle\ln\pi_{jk}\rangle - \frac{1}{2}\ln 2\pi + \frac{1}{2}\langle\ln\tau_{jk}\rangle - \frac{1}{2}\langle\tau_{jk}(f_{ij} - \mu_{jk} - \boldsymbol{\mu}_{i\cdot}\boldsymbol{v}_{j\cdot}^{\mathrm{T}})^2\rangle \tag{6.17}$$

最后更新参数 $\boldsymbol{\pi}_j$：
$$q(\boldsymbol{\pi}_j) = \prod_k \pi_{jk}^{\alpha_{jk}-1} \tag{6.18}$$

其中，$\alpha_{jk} = \alpha_0 + \sum\limits_{i}\langle z_{ijk}\rangle$。

另外，超参数 d 根据下式进行更新：
$$q(d) = \mathrm{Gam}(d|\eta, \lambda) \tag{6.19}$$

其中，$\eta = \eta_0 + c_0 KP$；$\lambda = \lambda_0 + \sum\limits_{j,k}\langle\tau_{jk}\rangle$。

6.2.2.2 背景分量的求解

对于背景分量，需要求解三个参数，包括 $\boldsymbol{U}$，$\boldsymbol{V}$ 和 $\boldsymbol{\gamma}$。其中 $\boldsymbol{u}_{i\cdot}(i = 1, 2, \cdots, N)$ 可以由下式进行估计：

$$q(\boldsymbol{u}_{i\cdot}) = N(\boldsymbol{u}_{i\cdot}|\boldsymbol{\mu}_{\boldsymbol{u}_{i\cdot}}, \boldsymbol{\Sigma}_{\boldsymbol{u}_{i\cdot}}) \tag{6.20}$$

式中，
$$\begin{aligned}\boldsymbol{\mu}_{\boldsymbol{u}_{i\cdot}} &= \left\{\sum_{j,k}\langle z_{ijk}\rangle\langle\tau_{jk}\rangle(f_{ij} - \langle\mu_{jk}\rangle)\langle\boldsymbol{v}_{j\cdot}\rangle\right\}\boldsymbol{\Sigma}_{\boldsymbol{u}_i}\\ \boldsymbol{\Sigma}_{\boldsymbol{u}_{i\cdot}} &= \left\{\sum_{j,k}\langle z_{ijk}\rangle\langle\tau_{jk}\rangle\langle\boldsymbol{v}_{j\cdot}^{\mathrm{T}}\boldsymbol{v}_{j\cdot}\rangle + \langle\boldsymbol{\Gamma}\rangle\right\}^{-1}\end{aligned} \tag{6.21}$$

类似地，$\boldsymbol{v}_{j\cdot}(j = 1, 2, \cdots, P)$ 可以由下式进行估计：

$$q(\boldsymbol{v}_{j\cdot}) = N(\boldsymbol{v}_{j\cdot}|\boldsymbol{\mu}_{\boldsymbol{v}_{j\cdot}}, \boldsymbol{\Sigma}_{\boldsymbol{v}_{j\cdot}}) \tag{6.22}$$

式中，
$$\begin{aligned}\boldsymbol{\mu}_{\boldsymbol{v}_{j\cdot}} &= \left\{\sum_{j,k}\langle z_{ijk}\rangle\langle\tau_{jk}\rangle(f_{ij} - \langle\mu_{jk}\rangle)\langle\boldsymbol{u}_{j\cdot}\rangle\right\}\boldsymbol{\Sigma}_{\boldsymbol{v}_j}\\ \boldsymbol{\Sigma}_{\boldsymbol{v}_{j\cdot}} &= \left\{\sum_{j,k}\langle z_{ijk}\rangle\langle\tau_{jk}\rangle\langle\boldsymbol{u}_{j\cdot}^{\mathrm{T}}\boldsymbol{u}_{j\cdot}\rangle + \langle\boldsymbol{\Gamma}\rangle\right\}^{-1}\end{aligned} \tag{6.23}$$

其中，$\boldsymbol{\varGamma} = \mathrm{diag}(\langle\boldsymbol{\gamma}\rangle)$，$\gamma_l$ 是保证矩阵 $\boldsymbol{B}$ 的低秩性的决定性参数，当它的值很大时，在 $\boldsymbol{B}$ 中删除相应的行[159]，该参数可以由下式进行估计：

$$q(\gamma_l) = \mathrm{Gam}(\gamma_r | \xi_l, \delta_l) \tag{6.24}$$

式中，

$$\begin{aligned}\xi_l &= \xi_0 + \frac{1}{2}(m+n), \\ \delta_l &= \delta_0 + \frac{1}{2}\sum_i \langle u_{il}^2 \rangle + \frac{1}{2}\sum_j \langle v_{jl}^2 \rangle\end{aligned} \tag{6.25}$$

在后续实验中，设置 $m_0 = 0$，其余参数 α_0，β_0，c_0，d_0，η_0，λ_0，ξ_0，δ_0 初始化为 10^{-6} [157]。

6.2.2.3 目标分量的提取

在得到噪声分量后，可以根据最大概率准则将其分解为 K 个子类[158]，即 $\boldsymbol{E}^1$，$\boldsymbol{E}^2$，$\cdots$，$\boldsymbol{E}^K$，分类准则如下：

$$e_{ij}^m = \begin{cases} e_{ij}, & m = \arg\max_{k=1,2,\cdots,K}(r_{ijk}) \\ 0, & \text{其他} \end{cases} \tag{6.26}$$

上述 K 类噪声矩阵可以由列向量重新矩阵化得到一系列噪声图像序列。一般而言，真实目标与噪声的灰度值存在一定的差异，在这 K 类噪声种选择灰度差异最大的一类作为包含真实目标的类别，记为 $\overline{\boldsymbol{E}}^i$，选择准则可以描述为

$$i = \arg\max_{k=1,2,\cdots,K}\left(\max\left(\overline{\boldsymbol{E}}^k\right) - \min\left(\overline{\boldsymbol{E}}^k\right)\right) \tag{6.27}$$

后续的实验结果也验证了该准则的有效性。由此可以得到包含真实目标的第 i 类噪声分量，图 6.2 展示了采用 $K = 3$ 时 NMoG 模型对原始噪声图像的分类结果，其中噪声分量 1 是包含真实目标的，其中目标区域用方框标记。

（a）原始图像　（b）背景图像　（c）噪声分量1　（d）噪声分量2　（e）噪声分量3

图 6.2　$K = 3$ 时的噪声分类结果示意图

由图 6.2(c) 可知，下一步需要将目标图像中的一些残留噪声点与目标进行区分。采用 MFD 方法[158]对目标进行进一步提取。

首先将包含目标的噪声矩阵 $\boldsymbol{E}$ 的每个元素求得梯度向量，得到对应的梯度向量场，方法如下：

$$I(x, y) = \begin{bmatrix} e'_x(x, y) \\ e'_y(x, y) \end{bmatrix}$$
$$e'_x(x, y) = \frac{e(x+1, y) - e(x-1, y)}{2} \qquad (6.28)$$
$$e'_y(x, y) = \frac{e(x, y+1) - e(x, y-1)}{2}$$

式中，$e(x, y)$ 表示矩阵 $\boldsymbol{E}$ 在行列号为 (x, y) 处的元素；$e'_x(x, y)$ 和 $e'_y(x, y)$ 分别表示 x 方向和 y 方向的梯度。

由式(6.28)对目标图像和噪声图像求得梯度向量场，结果如图 6.3 所示。由图 6.3 的 (b) 和 (d) 可知，目标和噪声点在梯度向量场中都表现为一个"汇聚点"(sink)，区别在于噪声点的梯度向量主要集中在四个方向，其余方向的梯度值很小，如图 6.3(d) 中标记为红色区域。可以根据这一特征将原始的梯度向量场中的每一个像素的梯度值从大到小进行排列，然后将四个较大的梯度值移除，这样噪声的梯度值很小，而目标仍然可以保持较大的梯度值，从而可以区分目标和噪声，方法具体定义如下：

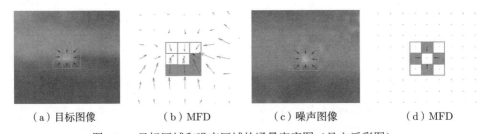

(a) 目标图像　　　(b) MFD　　　(c) 噪声图像　　　(d) MFD

图 6.3　目标区域和噪声区域的通量密度图（见文后彩图）
(a) 和 (c) 分别为目标和噪声区域通量密度计算的边界和标准向量；(b) 和 (d) 分别为目标和噪声区域改进通量密度值，其中目标为 24.38，噪声为 −0.29，尺度 $s = 1$

$$\mathrm{MFD}_s(x, y) = \sum_{(x', y') \in \boldsymbol{O}'(x, y, s)} \frac{\boldsymbol{I}(x', y') \cdot \boldsymbol{n}_o(x'-x, y'-y)}{8s - 4} \qquad (6.29)$$

式中，MFD_s 表示尺度为 s 的 MFD 图；$\boldsymbol{O}'$ 为 $\boldsymbol{O}$ 的子集，其中 $\boldsymbol{O}$ 表示待处理

像素点的邻域像素集合，共有 $8s$ 个元素，定义如下：

$$\boldsymbol{O}(x, y, s) = \{(x', y') | \max(|x' - x|, |y' - y|) = s\} \tag{6.30}$$

$\boldsymbol{O}'$ 表示在 $\boldsymbol{O}$ 中移除了四个具有较大梯度向量的像素后的元素集合，共有 $8s - 4$ 个元素。

边界点的标准向量 $\boldsymbol{n}_o(x, y)$ 定义为

$$\boldsymbol{n}_o(x, y) = \begin{bmatrix} n_{ox}(x, y) \\ n_{oy}(x, y) \end{bmatrix}$$

$$n_{ox}(x, y) = \begin{cases} -1, & x = k \\ 1, & x = -k \\ 0, & 其他 \end{cases} \tag{6.31}$$

$$n_{oy}(x, y) = \begin{cases} -1, & y = k \\ 1, & y = -k \\ 0, & 其他 \end{cases}$$

其中，$n_{ox}(x, y)$ 和 $n_{oy}(x, y)$ 分别表示 $\boldsymbol{n}_o(x, y)$ 在 x 方向和 y 方向的分量。

由图 6.3 可知，去除四个主要方向后，目标区域和噪声区域的 MFD 值分别为 24.38 和 -0.29，差别很大，其中噪声区域的改进通量密度通常为负值。由此，可以根据式(6.29)对噪声和目标进行区分，即选择改进通量密度值为正值的元素作为候选目标，即

$$\boldsymbol{T}(x, y) = \overline{\boldsymbol{E}}^i(x, y) * \mathrm{MFD}_s(x, y)_+ \tag{6.32}$$

其中，$\boldsymbol{T}(x, y)$ 表示候选目标；$\mathrm{MFD}_s(x, y)_+$ 表示将求得的改进通量密度中大于 0 的元素置为 1，其余为 0。

最后，可以采用自适应阈值得到目标图像，定义如下：

$$t_{\mathrm{up}} = \max(v_{\min}, \mu + k\sigma) \tag{6.33}$$

其中，μ 和 σ 分别表示目标图像的均值和标准差；k 和 $v_{\min}$ 是根据实验设置的经验值，其中 $v_{\min}$ 通常为目标图像的最大灰度值的 60%[77]。当一个像素满足条件 $f_\mathrm{T}(x, y) > t_{\mathrm{up}}$ 时就可以认为是目标。综上，我们给出了 MFD-NMoG 算法的整体流程，如算法 6.1 所示。

算法 6.1 MFD-NMoG 模型求解算法

输入：原始图像序列 $f_1, f_2, \cdots, f_P \in \mathbb{R}^{m \times n}$

输出：目标图像序列

初始化：$(m_0, \beta_0, c_0, d_0, \eta_0, \lambda_0) = 10^{-6}$，MFD 方法尺度 $s = 1$，迭代次数 $t = 1$

Step 1：将输入图像序列转化为时空域矩阵 $\boldsymbol{F}$

Step 2：根据式(6.4)和式(6.7)在贝叶斯框架下构建 NMoG 模型

Step 3：**While** not converged **do**

1. 更新噪声成分中后验分布参数：根据式 (6.15)~式 (6.18) 更新参数 $\boldsymbol{Z}^t$, $\boldsymbol{\pi}^t$，根据式 (6.13)~式 (6.14) 更新参数 $\boldsymbol{\mu}^t$, $\boldsymbol{\tau}^t$，根据式 (6.19) 更新 d^t
2. 根据式 (6.20) 和式 (6.22) 更新背景分量的后验概率 $\boldsymbol{U}$, $\boldsymbol{V}$
3. 根据式 (6.24) 更新噪声分量的后验概率 $\boldsymbol{\gamma}^t$
4. 更新迭代次数 $t = t + 1$

   end While

Step 4：由式 (6.26) 将噪声分量 $\boldsymbol{E}$ 分为 K 类，然后将它们重构为图像序列

Step 5：根据式 (6.27) 选择包含目标的第 i 类噪声分量

Step 6：根据式 (6.28) 和式 (6.29) 计算得到每个元素的 MFD，然后根据式 (6.32) 得到候选目标

6.2.3 复杂度分析

本节对本章所提的 MFD-NMoG 方法的复杂度进行分析，设红外图像序列转化为矩阵 $\boldsymbol{F} \in \mathbb{R}^{N \times P}$，首先要对 NMoG 模型中的参数进行估计，每次迭代的计算复杂度为 $\mathcal{O}\left((N+P)R^3 + KNPR\right)$；然后对于尺寸为 $m \times n$ 的图像计算得到每个像素的 MFD，计算复杂度为 $\mathcal{O}\left(mn(2s+1)^2\right)$；对于目标分割，计算复杂度为 $\mathcal{O}(mn)$；因此，该方法的计算复杂度为 $\mathcal{O}\left(t((N+P)R^3 + KNPR) + mn(2s+1)^2 + mn\right)$，其中 t 表示求解 NMoG 模型的迭代次数。

6.3 实验与结果分析

本节针对所提的 MFD-NMoG 方法进行测试，选取了 5 种方法进行性能对比，从定性和定量的角度说明 MFD-NMoG 方法的有效性。本节采用的评价指标与 2.3 节相同，包括 LSNRG、SCRG、BSF、CG、P_d 和 F_a，这里不再赘述。

6.3.1 实验数据

为了验证本章所提的 MFD-NMoG 方法的有效性，选取包含各类噪声的 5 组红外图像序列进行实验，主要包括高斯噪声、泊松噪声、冲击噪声、盲元或者盲列和椒盐噪声。为了模拟这些真实的红外图像噪声场景，在原始图像中加入了 6 种噪声，其中被不同噪声污染的像素点的位置随机选取。首先对于所有序列中的图像，加入了两种高斯噪声，分别为：①服从独立同分布的高斯噪声，记为 $N(0, \sigma^2)$，其中 $\sigma = 0.05$；②服从非独立同分布的高斯噪声，各帧的信噪比由均匀分布产生，取值范围为 $[10, 20]dB$。然后从测试序列 1~序列 5 中随机选取 30 帧加入椒盐噪声，随机选取 30 帧加入泊松噪声，随机选取 20 帧加入盲列干扰，随机选取 20 帧加入冲击噪声，因此序列中每帧图像至少包含 2 种不同分布的高斯噪声，某些帧可能还包含有其余 4 种噪声中的一种或全部类型。实验数据的详细描述如表 6.1 所示，它们的代表帧如图 6.7(b) 所示。

表 6.1 实验场景描述

序号	帧数	尺寸	背景特性	目标特性	SCR
1	120	200 像素×150 像素	天空场景，均匀背景	缓慢运动的微弱目标	2.05
2	100	280 像素×228 像素	海天交接面，存在灰度突变	缓慢运动的微弱目标	2.07
3	108	250 像素×200 像素	天空场景，大量云层干扰	快速运动的微弱目标	1.06
4	116	280 像素×240 像素	天空场景，大量云层干扰	快速运动的微弱目标	1.87
5	118	220 像素×140 像素	海面场景，海杂波干扰	缓慢运动的微弱目标	2.12

6.3.2 参数设置

本章提出的 MFD-NMoG 方法包含一些关键参数，本节给出了后续实验所使用的参数值。首先是噪声的种类 K，在实验中设置 $K = 3$，进一步地，会在后续章节定性分析参数 K 对本章所提方法的检测性能的影响；然后对于 MFD 方法中的尺度因子 s，取值为 1。

6.3.3 对比方法

本节共选择 5 种方法与所提的 MFD-NMoG 方法进行性能对比，包括最大中值滤波方法[6]、Top-hat 滤波方法[96]、IPI 方法[77] 和 RIPT 方法[83]，上述 4 种方法的参数设置参考表 3.2；另外，还选取了 MRF-MoG 方法作为对比，其中帧数步长和噪声种类均设置为 3。

6.3.4 MFD-NMoG 方法的有效性验证

考虑到 MFD-NMoG 方法主要针对包含复杂噪声的图像，在后续实验中对各种复杂噪声类型都会进行算法性能的验证，所以在该节主要针对多目标场景进行测试，其中生成多目标场景仿真图像的方法与 3.2.3.3 节相同，检测结果如图 6.4 所示。为了方便观察，同样采用方框对目标进行标记。由检测结果可知，MFD-NMoG 方法都能够有效地实现所有目标的检测。

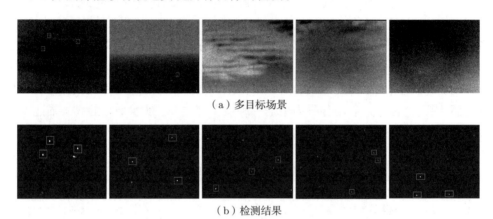

(a) 多目标场景

(b) 检测结果

图 6.4　MFD-NMoG 方法在不同典型场景下的检测结果

6.3.5 参数影响分析

本节对 MFD-NMoG 方法的关键参数 K 进行定性分析，将 K 从 1 增大到 6，对 5 组测试序列进行检测，结果如图 6.5 所示。由结果可知，当 $K=1$ 时，目标的检测性能表现相对其他取值较差，过小的 K 会导致目标残留较多背景的噪声或者杂波，导致虚警率提高；但是由序列 3 和序列 4 的结果可知，在同样的虚警概率下，$K=3$ 的检测概率最高，再增大 K 对算法性能提升不明显，同时增大 K 会提高算法计算复杂度，因此以 K 也不宜取值过大，会导致目标漏检。在后续实验中，设置 $K=3$。

6.3.6 MFD 方法的有效性验证

在 MFD-NMoG 方法中，得到包含真实目标的噪声种类后，为了进一步剔除同样具有稀疏性的一些孤立噪声点，采用 MFD 方法对真实目标和噪声进行区分。本节对 MFD 方法的有效性进行验证，对比方法包含三种，分别为仅有 NMoG 模型的方法、采用 MRF 方法的 NMoG 模型和 MRF-MoG 方法。随机选取测试序列 5 的一帧图像作为测试数据，采用上述 3 种方法进行处理后的结果如图 6.6 所示。由检测结果可知，MFD 方法可以有效抑制噪声点，而其余两种方法的目标图像中都残留很多噪声点，极易引起虚警。

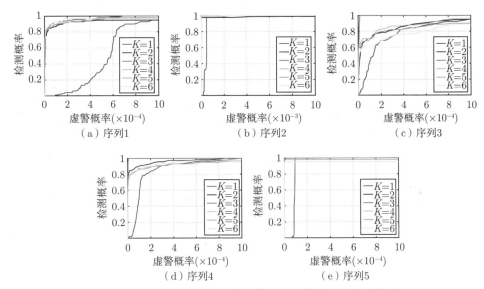

图 6.5　不同 K 下 5 组测试序列的 ROC 曲线（见文后彩图）

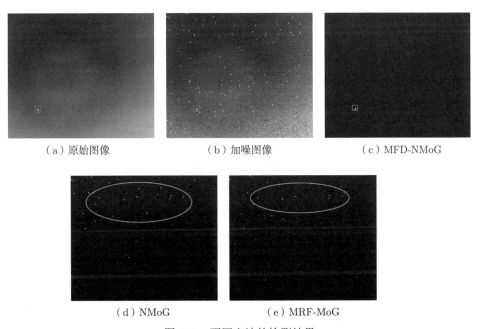

图 6.6　不同方法的检测结果

6.3.7 对比实验

本节将所提出的 MFD-NMoG 方法与其他 6 种方法进行性能对比,以验证其优越性,本节选取每组序列的一幅代表性图片及算法处理后的目标图像,如图 6.7 和图 6.8 所示。

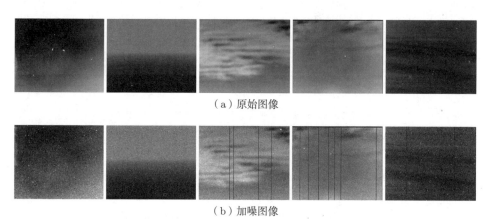

(a) 原始图像

(b) 加噪图像

图 6.7 原始图像和加噪图像

由图 6.7(b) 可知,5 组检测序列均包含了多种类型的复杂噪声。下面对不同方法的目标检测结果进行分析。由图 6.8(a) 可知,最大中值滤波方法对噪声干扰不具有鲁棒性,其目标图像中残留有较多的噪声干扰,虚警率较高。由图 6.8(b) 可知,Top-hat 滤波方法的目标图像中也残留了很多噪声和背景干扰。由图 6.8(c) 可知,IPI 方法对椒盐噪声和盲列噪声比较敏感,同时该方法在序列 3 中丢失了目标。由图 6.8(d) 可知,RIPT 方法在序列 4 的检测结果相对较好,但是该方法在其他序列图像的目标图像中无法对所有噪声进行有效抑制,同时在序列 2 和序列 3 中丢失了目标。由图 6.8(e) 可知,MRF-MoG 方法对于分布在目标区域附近的噪声抑制效果一般,这是由于 MRF 方法的局限性导致的结果,另外由于该方法假设帧间图像的噪声分布服从独立同分布的高斯分布,所以当帧间噪声分布不满足该假设条件时,算法的性能有明显的下降。由图 6.8(f) 可知,本章所提的 MFD-NMoG 方法能够有效检测到所有目标,在目标图像中都很好地抑制了背景干扰和噪声,这是由于该方法利用了时空域信息,同时采用了 NMoG 模型对原始图像中包含的各种复杂噪声进行建模,同时采用 MFD 方法对目标和噪声进行准确地分离,从而在目标图像中实现了较好的噪声抑制效果,MFD-NMoG 方法和其他对比方法比较而言取得了最好的检测结果。

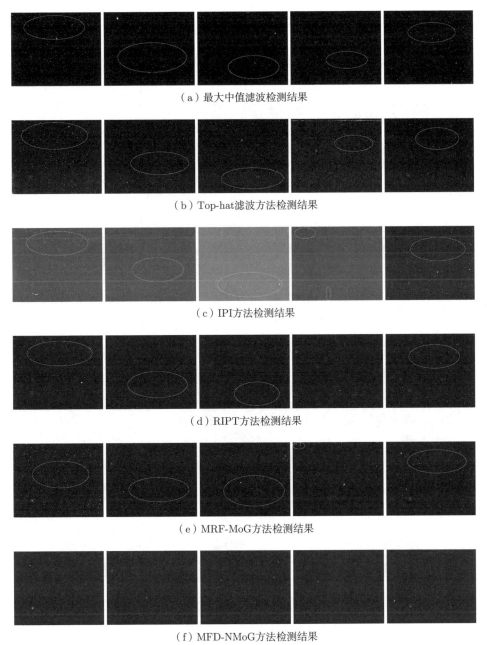

图 6.8 不同检测方法的红外弱小目标检测结果

同时,为了更加直观地比较不同算法对背景杂波干扰的抑制能力,选取 5 组序列中检测难度较大的序列 3 和序列 4 的三维图像进行展示,如图 6.9 和图 6.10 所示。由图可知 MFD-NMoG 方法相较于其他 5 种方法具有更好地背景杂波干扰抑制能力，目标的邻域背景中的像素灰度值都基本抑制到零。

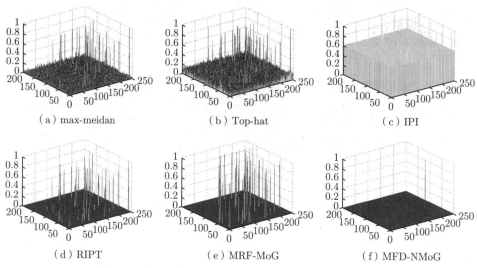

图 6.9　序列 3 的三维图像对比示意图（见文后彩图）

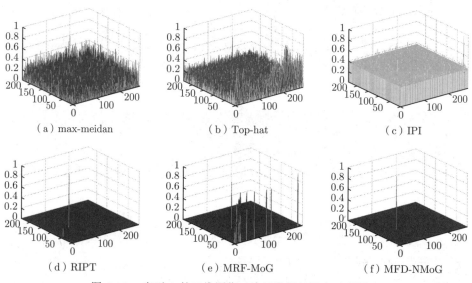

图 6.10　序列 4 的三维图像对比示意图（见文后彩图）

下面采用评价指标对 6 种方法的性能进行定量分析和对比。对上述序列 1～序列 5 的代表性帧进行指标计算，结果如表 6.2～表 6.4 所示，其中最大的数值用粗体标出。由结果可以看出，MFD-NMoG 方法在 5 组序列测试图像的各项指标中都表现最优，从定量的角度进一步验证了算法在背景抑制能力方面的优越性。

表 6.2　不同方法在序列 1～序列 2 的评价指标

方法	序列 1 的第 22 帧				序列 2 的第 3 帧			
	LSNRG	BSF	SCRG	CG	LSNRG	BSF	SCRG	CG
max-meidan	0.26	1.81	0.51	0.28	0.48	1.84	1.13	0.62
Top-hat	0.78	1.35	1.37	1.02	0.76	1.40	1.25	0.89
IPI	0.93	3.03	1.04	0.34	0.97	1.80	0.77	0.43
RIPT	0.67	2.23	1.74	0.78	0.60	1.69	2.54	1.50
MRF-MoG	1.08	1.43	3.22	2.25	1.01	1.27	4.27	3.38
MFD-NMoG	Inf	Inf	Inf	**3.36**	Inf	Inf	Inf	**6.75**

注：Inf 表示代表目标的局部背景邻域像素灰度被抑制到零；加粗数字表示最大的数值。

表 6.3　不同方法在序列 3～序列 4 的评价指标

方法	序列 3 的第 91 帧				序列 4 的第 77 帧			
	LSNRG	BSF	SCRG	CG	LSNRG	BSF	SCRG	CG
max-meidan	0.11	3.29	0.63	0.19	1.46	0.99	2.55	2.57
Top-hat	0.46	2.27	1.72	0.76	2.31	0.97	2.67	2.76
IPI	0.75	6.40	0.09	0.02	1.36	27.40	21.52	0.79
RIPT	0	4.34	0.03	0.01	Inf	Inf	Inf	4.84
MRF-MoG	0	2.62	0.03	0.01	Inf	Inf	Inf	5.01
MFD-NMoG	Inf	Inf	Inf	**4.90**	Inf	Inf	Inf	**6.18**

注：Inf 表示代表目标的局部背景邻域像素灰度被抑制到零；加粗数字表示最大的数值。

表 6.4　不同方法在序列 5 的评价指标

方法	序列 5 的第 80 帧			
	LSNRG	BSF	SCRG	CG
max-meidan	0.27	2.10	0.61	0.29
Top-hat	0.82	1.98	1.73	0.88
IPI	0.69	2.33	0.74	0.32
RIPT	0.71	2.22	1.66	0.75
MRF-MoG	1.04	1.99	3.03	1.53
MFD-NMoG	Inf	Inf	Inf	**3.33**

注：Inf 表示代表目标的局部背景邻域像素灰度被抑制到零；加粗数字表示最大的数值。

进一步地，给出了不同方法检测 5 组测试序列的 ROC 曲线，如图 6.11 所示。由图可以看出，在序列 1～序列 5 的 ROC 曲线中，本章所提的 MFD-NMoG 方法的检测概率 P_d 均率先达到 1。IPI 方法的检测性能仅次于 MFD-NMoG 方法，表现次优；当虚警率相对较大时，最大中值滤波方法和 Top-hat 滤波方法两类方法的检测概率才上升较快，这是由于它们的目标图像中残留了很多噪声和干扰，导致虚警率较高；RIPT 方法的性能相对 IPI 方法表现略差，说明该方法对噪声干扰的场景鲁棒性较差；MRF-MoG 方法在序列 2～序列 4 中表现都不好，这是由于该方法假设帧间图像的噪声分布服从独立同分布的高斯分布，所以当帧间噪声分布不满足该假设条件时，算法的性能明显下降，同时 MRF 方法的缺点也导致它的性能不佳。

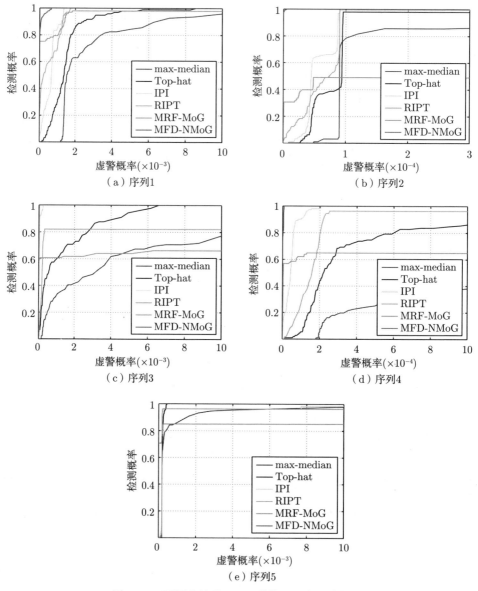

图 6.11　不同方法的 ROC 曲线（见文后彩图）

综合上述实验结果和分析可知,MFD-NMoG 方法与其余 5 种对比算法比较而言表现最好。

6.3.8 运行时间对比

本节对比了上述 6 种方法对序列 1~ 序列 5 的处理时间,结果如表 6.5 所示。由结果可知,Top-hat 滤波方法处理速度最快,但是它的目标检测性能和背景抑制能力与其余方法有一定的差距。本章所提出的 MFD-NMoG 方法的处理时间比 RIPT 方法和最大中值滤波方法较长,但是该方法的性能明显优于这两类方法;另外,MFD-NMoG 方法与同类的 MRF-MoG 方法对比而言,大大提高了算法效率,这是由于 MFD-NMoG 方法采用的不再是红外图像块模型,而是直接将整幅图像向量化,有效降低了待处理矩阵的维度,而且 MFD 方法相较于 MRF 方法计算量也相对更少。

表 6.5 不同方法对测试序列的处理时间对比 s

方法	序列 1	序列 2	序列 3	序列 4	序列 5
max-median	185.53	422.74	344.93	496.63	254.64
Top-hat	1.52	2.32	2.53	2.60	1.98
IPI	286.53	999.59	589.25	887.85	360.15
RIPT	86.81	308.29	250.29	369.99	123.54
MRF-MoG	2257.41	4588.28	9851.33	7773.01	5106.21
MFD-NMoG	202.91	415.31	351.18	504.59	256.15

6.4 本章小结

本章首先介绍了 MoG 模型,然后针对包含复杂噪声的序列提出了基于 NMoG 模型的红外弱小目标检测方法。该方法首先将序列图像转化为一个二维矩阵,矩阵的不同列向量代表不同帧的空域信息,可以同时利用空域和时域信息,然后采用 NMoG 模型对各种类型的噪声进行准确建模,由变分贝叶斯方法求得包含真实目标的噪声分量后,利用 MFD 方法抑制与目标同样具有稀疏性的孤立噪声点。最后,通过仿真实验验证了 MFD-NMoG 方法相对于其他 5 种方法的优越性。

第7章

总结与展望

7.1 本书工作总结

本书针对红外弱小目标的检测中遇到的各种复杂背景和难题，分别从高精度和高效检测、非平滑场景鲁棒检测、高亮杂波干扰场景鲁棒检测和复杂噪声场景鲁棒检测 4 个方面展开了研究，进行了深入的理论和技术创新，主要工作和创新点概括如下：

（1）开展红外场景分析，建立了基于张量空间的低秩和稀疏重构分解模型。

本书深入研究了不同场景类型下的红外图像，主要包括平滑场景、非平滑场景、高亮杂波场景和复杂噪声场景四类，从方差、平滑度、熵值和图像一致性指标定量分析了图像特性，同时剖析了不同场景中目标检测的难点，具有重要的理论意义和实践意义。同时，本书针对张量空间中的低秩和稀疏重构分解模型展开了深入研究，一方面，基于高维数据空间的数据挖掘相较于传统的低维数据能够更加有效地表达数据之间的深层联系；另一方面，低秩和稀疏重构分解模型能够有效地学习数据本身的结构性特征，而基于张量空间的低秩和稀疏重构分解是本书最主要的研究内容，基于该数学模型的红外弱小目标检测算法是本书的主要研究成果。

（2）提出了基于张量主成分分析的目标检测方法，实现了平滑场景下的高效率和高精度目标检测。

该方法基于张量主成分分析模型，相对于传统的基于二维矩阵的主成分分析的方法，它采用张量空间表达原始数据，能够进一步挖掘数据的内在联系，该方法根据处理对象又分为基于加权张量核范数的单帧目标检测算法和基于加权

Schatten-p 范数的多帧目标检测算法。其中，基于加权张量核范数的目标检测算法利用 RPCA 方法将原始图像张量分解为低秩背景张量和稀疏目标张量，然后采用张量核范数对张量的秩进行估计，不需要将张量展开为矩阵，保护了张量数据的内部联系；另外，该算法采用 WNN 对低秩背景张量奇异值分解后得到的奇异值赋予不同的权重，具有更加明确的物理意义，能够将背景中的结构更完整地保留在背景分量中，提高低秩背景张量的恢复精度，同时利用 T-SVD 在频域中的重要性质大大提高了算法效率。而基于加权 Schatten-p 范数的多帧目标检测算法主要用于解决传统 NNM 方法和 WNNM 方法在奇异值估计中出现的"过度收缩"问题，采用了重构更加精确的加权 Schatten-p 范数对低秩部分进行恢复；另外，该方法提出了时空域红外张量块模型，将红外图像序列的时域和空域信息作为一个整体，利用张量空间处理高维数据的优势，同时利用时域和空域信息，进一步提高了算法效率和目标检测精度。上述两种方法都通过大量实验验证了其有效性和优越性。

（3）针对非平滑场景下的目标检测问题，提出了 **TV-STIPT** 方法。

该方法基于张量空间的低秩和稀疏重构模型，针对包含边缘和角点干扰的非平滑场景下的目标检测问题。与其他基于低秩和稀疏重构模型的检测方法不同的是，该方法不再依赖于场景的平滑程度，针对单一的核范数正则项难以对与目标同样具有稀疏性的强边缘和角点进行描述，提出了张量空间的总变分正则项，将其与低秩和稀疏重构模型结合，更加精准地对边缘和角点结构建模，抑制了这些稀疏结构在目标图像的残留成分，提高了重构精度。通过大量的实验，验证了该方法在非平滑场景下目标检测性能的优越性，同时较同类基于总变分正则项的目标检测方法而言，显著降低了算法复杂度。

（4）针对高亮杂波干扰场景下的目标检测问题，提出了 **MSLSTIPT** 方法。

该方法基于 MSL 理论，针对包含高亮杂波干扰的场景下的目标检测问题设计。与其他基于张量空间的低秩和稀疏重构模型的算法不同的是，该方法不再采用单一子空间对低秩分量进行描述，基于单一子空间的方法在处理不弱于目标强度的高亮杂波时会残留很多干扰，极易引起虚警。该方法提出了基于张量空间的多子空间学习模型，采用线性多子空间对背景中可能出现的多个高亮区域进行准确建模，然后采用字典学习的方法对低秩背景的多线性子空间结构进行重构。为了验证该方法的性能，使用包含高亮杂波的数据进行了实验，结果表明该算法能够有效抑制高亮杂波的干扰，对高亮杂波干扰具有较强的鲁棒性。

（5）针对复杂噪声场景下的目标检测问题，提出了 **MFD-NMoG** 方法。

该方法基于 NMoG 模型和 MFD 方法，针对包含复杂噪声的场景下的目标检测问题设计。其他传统目标检测算法大多假设红外图像中的噪声服从独立高斯分布，通常为简单的加性高斯白噪声，但实际场景中图像包含的噪声类型远比加性高斯白噪声复杂。该方法针对图像序列不同帧之间服从不同分布的复杂场景，采用 NMoG 模型对复杂噪声进行准确建模，同时利用目标的时域和空域信息，将目标视为一种具有稀疏性的特殊"噪声"，然后采用 MFD 方法对目标和噪声进行进一步区分。为了验证该方法的性能，采用包含复杂噪声的图像进行了实验，结果表明该方法能够有效抑制各种类型的复杂噪声，具有鲁棒性能，同时相较于同类的 MRF-MoG 方法，该方法的效率得到了很大的提升。

本书利用低秩和稀疏重构恢复理论对红外弱小目标检测技术进行了进一步研究，低秩和稀疏重构恢复理论是从数据结构的角度将红外目标检测问题转化为低秩背景部分和稀疏目标部分的重构，能够有效地挖掘和利用图像的深层的时域和空域特征，它相较于传统的检测前跟踪算法和跟踪前检测算法而言，区别主要有以下两点：① 针对序列图像进行检测时，传统的检测前跟踪算法适用于背景起伏比较平缓的场景，而基于低秩和稀疏重构恢复理论的目标检测方法在背景杂波起伏较大的情况下仍然能够有效地完成目标检测任务，虚警率更低；② 在传统的跟踪前检测算法中，基于视觉注意机制的目标检测方法在背景复杂程度不高，目标和背景灰度差异较大的场景中检测效果较好，但是当目标强度较弱或背景杂波干扰强烈时，基于视觉注意机制的目标检测方法性能会严重下降，而基于低秩和稀疏重构恢复理论的目标检测方法在目标强度较弱和高亮杂波干扰的场景都能够有效实现目标检测。本书针对不同的典型场景提出了相应的目标检测算法，主要包括平滑场景、非平滑场景、高亮杂波干扰场景和复杂噪声干扰场景的目标高精度鲁棒检测，其中后三者都可以在平滑场景中较好地完成目标检测任务，但是基于张量主成分分析的目标检测方法在算法效率方面更优；而 TV-STIPT 方法对强边缘和角点干扰的抑制能力最优，对大范围的高亮杂波干扰和复杂噪声抑制能力一般，容易产生虚警，同时算法效率有待进一步提高；针对高亮杂波干扰场景下提出的目标检测方法对图像中的高亮杂波都能较好地抑制，包括强边缘干扰，但是在角点区域容易产生虚警，同时对噪声的鲁棒性有待进一步提高；针对复杂噪声干扰场景的目标检测方法能够有效抑制各种类型的噪声，但是对强杂波干扰的抑制性能有待进一步提高。因此，红外图像背景类型的自适应判别和更加智能化的检测算法也是下一步的重点研究方向。总的来说，本书从复杂背景的红外弱小目标检测的实际应用出发，分析了在不同典型场景下目标检测遇到的难点和技术挑战，提出了相应的检测算法，实现了多种场景下的精准检测，为红外目标探测系统提供了一个目标检测的解决方案，为进一步提高红外弱小目标的检测性能提供了理论基础。

7.2 未来工作展望

经过几十年的研究，红外弱小目标检测技术已经能够在很多场景下都取得较好的效果，同时该项技术在军事领域和民用领域的应用上也已经逐渐趋向成熟，例如各类红外预警和制导系统。虽然本书的研究工作取得了一些有意义的研究成果，但是红外弱小目标检测领域仍然存在很多有待进一步深入研究的问题，主要包括：

（1）本书所提出的基于张量稀疏和低秩重构分解的4类方法本质上都属于联合正则化问题，不同正则项之间的权衡系数往往会对算法性能产生比较明显的影响，在实验过程中通常是遍历一定的取值区间，选择一个经验值，无法确保达到最优效果。所以下一步将重点研究如何自适应地根据数据的特征决定这些权衡系数的取值，使目标检测性能最优。

（2）本书提出的算法大多是多变量优化问题，优化迭代过程比较复杂，另外WNN和Schatten-p范数的引入也导致优化函数是一个非凸的优化问题，无法确保解的全局最优性。因此，下一步将重点研究如何得到全局最优解的数学模型，提高算法收敛速度，提高算法效率。

（3）本书提出的基于NMoG模型的目标检测方法采用的区分目标和噪声的MFD方法尽管相较MRF方法性能更优，但仍然存在一些噪声干扰无法被完全抑制的缺陷。因此，下一步考虑引入适当的先验信息提高算法对噪声和目标的区分能力，进一步降低虚警率。

（4）本书针对不同典型场景下提出了相应的目标检测算法，但是实际应用中背景类型的先验信息无法获取，因此如何实现红外图像背景类型的自适应判别和更加智能化的检测算法是下一步的重点研究方向。

参考文献

[1] WANG D M, WANG L M. Global motion parameters estimation using a fast and robust algorithm[J]. IEEE Transactions on Circuits and Systems for Video Technology, 1997, 7(5):823-826.

[2] 武斌. 基于高阶统计量的红外弱小目标检测[D]. 西安: 西安电子科技大学, 2006.

[3] XIONG Y, PENG J X, DING M Y, et al. A effective method for trajectory detection of moving pixel-sizedtarget[C]//IEEE International Conference on Systems, Man and Cybernetics, 1995. Intelligent Systems for the Century. [S.l.: s.n.], 1995: 2570-2575 vol.3.

[4] 陈颖. 序列图像中微弱点状运动目标检测及跟踪技术研究[D]. 成都: 电子科技大学, 2002.

[5] POHLIG S C. Spatial-temporal detection of electro-optic moving targets[J]. Aerospace & Electronic Systems IEEE Transactions on, 1995, 31(2):608-616.

[6] VENKATESWARLU R. Max-mean and max-median filters for detection of small targets[J]. Proceedings of SPIE - The International Society for Optical Engineering, 1999, 3809:74-83.

[7] BARNETT J T. Statistical analysis of median subtraction filtering with application to point target detection in infrared backgrounds[J]. Proceedings of SPIE - The International Society for Optical Engineering, 1989, 1050.

[8] BAI X, ZHOU F. Analysis of new Top-hat transformation and the application for infrared dim small target detection[J]. Pattern Recognition, 2010, 43(6):2145-2156.

[9] FAN H, WEN C. Two-dimensional adaptive filtering based on projection algorithm [J]. Signal Processing IEEE Transactions on, 2004, 52(3):832-838.

[10] WANG P, TIAN J W, GAO C Q. Infrared small target detection using directional highpass filters based on ls-svm[J]. Electronics Letters, 2009, 45(3):156-158.

[11] YOULAL H, JANATI M, NAJIM M. Two-dimensional joint process lattice for adaptive restoration of images[J]. IEEE Transactions on Image Processing A Publication of the IEEE Signal Processing Society, 1992, 1(3):366.

[12] AZIMI S, MAHMOOD R. Estimation and identification for 2D block kalman[J]. IEEE Transactions on Signal Processing, 1991, 39(8):1885-1889.

[13] SANG H, SHEN X, CHEN C. Architecture of a configurable 2D adaptive filter used for small object detection and digital image processing[J]. Optical Engineering, 2003, 42(8):2182-2189.

[14] 宗思光, 王江安, 陈启水. 海空复杂背景下红外弱点目标检测新算法[J]. 光电工程, 2005, 32(4):9-12.

[15] 马治国, 王江安, 宗思光. 海天线附近红外弱点目标检测算法研究[J]. 激光与红外, 2004, 34(5):389-390.

[16] ZHANG B, ZHANG T, CAO Z, et al. Fast new small-target detection algorithm based on a modified partial differential equation in infrared clutter[J]. Optical Engineering, 2007, 46(10):106401.

[17] 张必银, 张天序, 桑农, 等. 红外弱小运动目标实时检测的规整化滤波方法[J]. 红外与毫米波学报, 2008, 27(2):95-100.

[18] TZANNES A P, BROOKS D H. Detecting small moving objects using temporal hypothesis testing[J]. IEEE Transactions on Aerospace and Electronic Systems, 2002, 38(2):570-586.

[19] TARTAKOVSKY A, BLAZEK R. Effective adaptive spatial-temporal technique for clutter rejection in irst[C]//Signal and Data Processing of Small Targets 2000. Orlando,FL,USA: [s.n.], 2000: 85-95.

[20] PORAT B, FRIEDLANDER B. Frequency domain algorithm for multiframe detection and estimation of dim targets[J]. IEEE Transactions on Pattern Analysis & Machine Intelligence, 1990, 12(4):398-401.

[21] YANG L, YANG J, YANG K. Adaptive detection for infrared small target under sea-sky complex background[J]. Electronics Letters, 2004, 40(17):1083-1085.

[22] THAYAPARAN T, KENNEDY S. Detection of a manoeuvring air target in sea-clutter using joint time-frequency analysis techniques[J]. IEEE Proceedings Radar Sonar & Navigation, 2004, 151(1):19-30.

[23] MANSOUR M F. Subspace design of compactly supported orthonormal wavelets[J]. Journal of Fourier Analysis & Applications, 2014, 20(1):66-90.

[24] CASASENT D P, SMOKELIN J S, YE A. Wavelet and gabor transforms for detection [J]. Optical Eng, 1992, 31(31):1893-1898.

[25] STRICKLAND R N, HAHN H I. Wavelet transform methods for object detection and recovery[J]. IEEE Transactions on Image Processing A Publication of the IEEE Signal Processing Society, 1997, 6(5):724-735.

[26] SUN Y Q, TIAN J W, LIU J. Background suppression based-on wavelet transformation to detect infrared target[C]//International Conference on Machine Learning and Cybernetics. [S.l.: s.n.], 2005: 4611-4615.

[27] REED I S, GAGLIARDI R M, SHAO H M. Application of three-dimensional filtering to moving target detection[J]. IEEE Transactions on Aerospace and Electronic Systems, 1983, 19(6):898-905.

[28] REED I S, GAGLIARDI R M, STOTTS L B. Optical moving target detection with 3D matched filtering[J]. IEEE Transactions on Aerospace & Electronic Systems, 2002, 24(4):327-336.

[29] GAGLIARDI R M, REED I S. A recursive moving-target-indication algorithm for optical image sequences[J]. IEEE Transactions on Aerospace and Electronic Systems, 1990, 26(3):434-440.

[30] KENDALL W B, STOCKER A D, JACOBI W J. Velocity filter algorithms for improved target detection and tracking with multiple-scan data[J]. Proceedings of SPIE The International Society for Optical Engineering, 1989, 120(2):127-139.

[31] STOCKER A D, JENSEN P D. Algorithms and architectures for implementing large-velocity filter banks[J]. Proceedings of SPIE - The International Society for Optical Engineering, 1991, 1481:140-155.

[32] LI M, SUN X, ZHANG T, et al. Moving weak point target detection and estimation with three-dimensional double directional filter in ir cluttered background[J]. Optical Engineering, 2005, 44(10):107007.

[33] ZHANG T, LI M, ZUO Z, et al. Moving dim point target detection with three-dimensional wide-to-exact search directional filtering[J]. Pattern Recognition Letters, 2007, 28(2):246-253.

[34] MOHANTY N C. Computer tracking of moving point targets in space[J]. IEEE Transactions on Pattern Analysis and Machine Intelligence, 1981, 3(5):606-611.

[35] CHEN Y. On suboptimal detection of 3-dimensional moving targets[J]. IEEE Transactions on Aerospace and Electronic Systems, 1989, 25(3):343-350.

[36] CHU P L. Optimal projection for multidimensional signal detection[J]. IEEE transactions on acoustics, speech, and signal processing, 1988, 36(5):775-786.

[37] BLOSTEIN S D, HUANG T S. Detecting small, moving objects in image sequences using sequential hypothesis testing[J]. IEEE Transactions on Signal Processing, 2002, 39(7):1611-1629.

[38] BLOSTEIN S D, RICHARDSON H S. Sequential detection approach to target tracking[J]. IEEE Transactions on Aerospace & Electronic Systems, 2002, 30(1):197-212.

[39] TONISSEN S M, EVANS R J. Peformance of dynamic programming techniques for track-before-detect[J]. IEEE Transactions on Aerospace and Electronic Systems, 1996, 32(4):1440-1451.

[40] BARNIV Y, KELLA O. Dynamic programming solution for detecting dim moving targets part ii: analysis[J]. IEEE Transactions on aerospace & Electronic Systems, 1985, 21(1):144-156.

[41] ARNOLD J, SHAW S W, PASTERNACK H. Efficient target tracking using dynamic programming[J]. IEEE Transactions on Aerospace & Electronic Systems, 2002, 29(1):44-56.

[42] BUZZI S, LOPS M, VENTURINO L, et al. Track-before-detect procedures in a multi-target environment[J]. Aerospace & Electronic Systems IEEE Transactions on, 2008, 44(3):1135-1150.

[43] 强勇, 焦李成, 保铮. 动态规划算法进行弱目标检测的机理研究[J]. 电子与信息学报, 2003, 25(6):721-727.

[44] 张兵, 卢焕章. 动态规划算法在运动点目标检测中的应用研究[J]. 电子与信息学报, 2004, 26(12):1895-1900.

[45] FERRI M, BUZZI S, LOPS M, et al. Track-before-detect procedures in a multi-

target environment[J]. IEEE Transactions on Aerospace and Electronic Systems, 2008, 44(3):1135-1150.

[46] LIOU R J, AZIMI-SADJADI M R, DENT R. Detection of dim targets in high cluttered background using high order correlation neural network[C]//IJCNN-91-Seattle International Joint Conference on Neural Networks. [S.l.: s.n.], 1991: 701-706.

[47] LIOU R J, AZIMI-SADJADI M R. Dim target detection using high order correlation method[J]. Aerospace & Electronic Systems IEEE Transactions on, 1993, 29(3):841-856.

[48] LIOU R J, M.R. A S. Multiple target detection using modified high order correlations [J]. IEEE Transactions on Aerospace and Electronic Systems, 1998, 34(2):553-568.

[49] 龚俊亮, 何昕, 魏仲慧, 等. 采用改进辅助粒子滤波的红外多目标跟踪[J]. 光学精密工程, 2012, 20(2):413-421.

[50] BOERS Y, DRIESSEN J N. Multitarget particle filter track before detect application [J]. Radar Sonar & Navigation Iee Proceedings, 2004, 151(6):351-357.

[51] 龚亚信, 杨宏文, 胡卫东, 等. 基于多模粒子滤波的机动弱目标检测前跟踪[J]. 电子与信息学报, 2008, 30(4):941-944.

[52] DRIESSEN J N, BOERS Y. Multitarget particle filter track before detect application [J]. IEE proceedings. Radar, sonar and navigation, 2004, 151(6):351-357.

[53] GUSTAFSSON F, TRIEB M, KARLSSON R, et al. Track-before-detect algorithm for tracking extended targets[J]. IEE proceedings. Radar, sonar and navigation, 2006, 153(4):345-351.

[54] OHTSU N. A threshold selection method from gray-level histograms[J]. IEEE Transactions on Systems Man & Cybernetics, 2007, 9(1):62-66.

[55] BEGHDADI A, NÉGRATE A L, LESEGNO P V D. Entropic thresholding using a block source model[J]. Graphical Models & Image Processing, 1995, 57(3):197-205.

[56] CHANG C I, CHEN K, WANG J, et al. A relative entropy-based approach to image thresholding[J]. Pattern Recognition, 1994, 27(9):1275-1289.

[57] OSHER S, RUDIN L I. Feature-oriented image enhancement using shock filters[J]. Siam J.num.anal, 1990, 27(4):919-940.

[58] KIM S, YANG Y, LEE J, et al. Small target detection utilizing robust methods of the human visual system for irst[J]. Journal of Infrared Millimeter & Terahertz Waves, 2009, 30(9):994-1011.

[59] WANG X, LV G, XU L. Infrared dim target detection based on visual attention[J]. Infrared Physics & Technology, 2012, 55(6):513-521.

[60] QI S, MA J, TAO C, et al. A robust directional saliency-based method for infrared small-target detection under various complex backgrounds[J]. IEEE Geoscience & Remote Sensing Letters, 2013, 10(3):495-499.

[61] CHEN C L P, LI H, WEI Y, et al. A local contrast method for small infrared target detection[J]. IEEE Transactions on Geoscience & Remote Sensing, 2013, 52(1):574-581.

[62] HAN J, MA Y, ZHOU B, et al. A robust infrared small target detection algorithm

based on human visual system[J]. IEEE Geoscience & Remote Sensing Letters, 2014, 11(12):2168-2172.

[63] WEI Y, YOU X, LI H. Multiscale patch-based contrast measure for small infrared target detection[J]. Pattern Recognition, 2016, 58:216-226.

[64] DENG L Z, ZHU H, TAO C, et al. Infrared moving point target detection based on spatial-temporal local contrast filter[J]. Infrared physics and technology, 2016, 76(6):168-173.

[65] CHEN Y, XIN Y. An efficient infrared small target detection method based on visual contrast mechanism[J]. IEEE Geoscience & Remote Sensing Letters, 2016, 13(7):962-966.

[66] DENG H, SUN X, LIU M, et al. Small infrared target detection based on weighted local difference measure[J]. IEEE Transactions on Geoscience & Remote Sensing, 2016, 54(7):4204-4214.

[67] DENG H, SUN X, LIU M, et al. Entropy-based window selection for detecting dim and small infrared targets[J]. Pattern Recognition, 2017, 61:66-77.

[68] HU T, ZHAO J, CAO Y. Infrared small target detection based on saliency and principle component analysis[J]. J. Infrared Millim. Waves, 2010, 29(4):303-306.

[69] CAO Y, LIU R M, YANG J. Infrared small target detection using ppca[J]. International Journal of Infrared & Millimeter Waves, 2008, 29(4):385-395.

[70] GAO C, SU H, LI L, et al. Small infrared target detection based on kernel principal component analysis[C]//International Congress on Image and Signal Processing. [S.l.: s.n.], 2013: 1335-1339.

[71] LIU Z, CHEN C, SHEN X, et al. Detection of small objects in image data based on the nonlinear principal component analysis neural network[J]. Optical Engineering, 2005, 44(9):403-409.

[72] WANG X N C E A, SHEN S. A sparse representation-based method for infrared dim target detection under sea-sky background[J]. Infrared Physics & Technology, 2015, 271:347-355.

[73] LI Z Z, CHEN J, HOU Q, et al. Sparse representation for infrared dim target detection via a discriminative over-complete dictionary learned online[J]. Sensors, 2014, 14(6):9451.

[74] BI Y, BAI X, JIN T, et al. Multiple feature analysis for infrared small target detection [J]. IEEE Geoscience & Remote Sensing Letters, 2017, 14(8):1333-1337.

[75] KIM S. Analysis of small infrared target features and learning-based false detection removal for infrared search and track[J]. Pattern Analysis & Applications, 2014, 17(4):883-900.

[76] GAO C, ZHANG T, LI Q. Small infrared target detection using sparse ring representation[J]. Aerospace & Electronic Systems Magazine IEEE, 2012, 27(3):21-30.

[77] GAO C, MENG D, YANG Y, et al. Infrared patch-image model for small target detection in a single image[J]. IEEE Transactions on Image Processing, 2013, 22(12):

4996-5009.

[78] CANDES E J, LI X, MA Y, et al. Robust principal component analysis[J]. Journal of the ACM, 2011, 58(3).

[79] DAI Y, WU Y, SONG Y. Infrared small target and background separation via column-wise weighted robust principal component analysis[J]. Infrared Physics & Technology, 2016, 77:421-430.

[80] DAI Y, WU Y, SONG Y, et al. Non-negative infrared patch-image model: Robust target-background separation via partial sum minimization of singular values[J]. Infrared Physics & Technology, 2017, 81:182-194.

[81] GUO J, WU Y, DAI Y. Small target detection based on reweighted infrared patch-image model[J]. IET Image Processing, 2018, 12(1):70-79.

[82] GU S, ZHANG L, ZUO W, et al. Weighted nuclear norm minimization with application to image denoising[C]//Computer Vision and Pattern Recognition. [S.l.: s.n.], 2014: 2862-2869.

[83] DAI Y, WU Y. Reweighted infrared patch-tensor model with both nonlocal and local priors for single-frame small target detection[J]. IEEE Journal of Selected Topics in Applied Earth Observations & Remote Sensing, 2017, 10(8):3752-3767.

[84] WANG X, PENG Z, KONG D, et al. Infrared dim target detection based on total variation regularization and principal component pursuit[J]. Image & Vision Computing, 2017, 63:1-9.

[85] RUDIN L I, OSHER S, FATEMI E. Nonlinear total variation based noise removal algorithms[J]. Physica D: Nonlinear Pheaomena, 1992, 60(1-4): 259-268.

[86] MENG D, TORRE F D. Robust matrix factorization with unknown noise[C]//2013 IEEE International Conference on Computer Vision. [S.l.: s.n.], 2013: 1337-1344.

[87] CAO X, ZHAO Q, MENG D, et al. Robust low-rank matrix factorization under general mixture noise distributions[J]. IEEE Trans Image Process, 2016, 25(10):4677-4690.

[88] GAO C, WANG L, XIAO Y, et al. Infrared small-dim target detection based on markov random field guided noise modeling[J]. Pattern Recognition, 2017, 76:463-475.

[89] GOODFELLOW I, POUGET-ABADIE J, MIRZA M, et al. Generative adversarial nets[J]. ArXiv, 2014.

[90] WANG H, ZHOU L, WANG L. Miss detection vs. false alarm: Adversarial learning for small object segmentation in infrared images[C]//2019 IEEE/CVF International Conference on Computer Vision (ICCV). [S.l.: s.n.], 2019: 8508-8517.

[91] WANG K, LI S, NIU S, et al. Detection of infrared small targets using feature fusion convolutional network[J]. IEEE Access, 2019, 7:146081-146092.

[92] REDMON J, DIVVALA S, GIRSHICK R, et al. You only look once: Unified, real-time object detection[C]//2016 IEEE Conference on Computer Vision and Pattern Recognition (CVPR). [S.l.: s.n.], 2016: 779-788.

[93] ZHAO M, CHENG L, YANG X, et al. Tbc-net: A real-time detector for infrared small target detection using semantic constraint[J]. arXiv, 2019.

[94] 王晓阳. 基于稀疏动态反演的红外弱小目标检测理论及方法研究[D]. 成都: 电子科技大学, 2018.

[95] 回丙伟, 宋志勇, 王琦, 等. 空中弱小目标检测跟踪测试基准[J]. 航空兵器, 2019, 26(6): 56-59.

[96] FORTIN R. Detection of dim targets in digital infrared imagery by morphological image processing[J]. Optical Engineering, 1996, 35(7):1886-1893.

[97] ELHAMIFAR E, VIDAL R. Sparse subspace clustering: Algorithm, theory, and applications[J]. IEEE Transactions on Pattern Analysis and Machine Intelligence, 2013, 35(11):2765-2781.

[98] LIU G, LIU Q, LI P. Blessing of dimensionality: Recovering mixture data via dictionary pursuit[J]. IEEE Transactions on Pattern Analysis and Machine Intelligence, 2017, 39(1):47-60.

[99] LIU G, LIN Z C, YAN S C, et al. Robust recovery of subspace structures by low-rank representation[J]. IEEE Transactions on Pattern Analysis and Machine Intelligence, 2013, 35(1):171-184.

[100] LANG C, LIU G, YU J, et al. Saliency detection by multitask sparsity pursuit[J]. IEEE Transactions on Image Processing, 2012, 21(3):1327-1338.

[101] LI P, FENG J, JIN X, et al. Online robust low-rank tensor modeling for streaming data analysis[J]. IEEE Transactions on Neural Networks and Learning Systems, 2019, 30(4):1061-1075.

[102] YIN M, GAO J, LIN Z. Laplacian regularized low-rank representation and its applications[J]. IEEE Transactions on Pattern Analysis and Machine Intelligence, 2016, 38(3):504-517.

[103] ROJO O, ROJO H. Some results on symmetric circulant matrices and on symmetric centrosymmetric matrices[J]. Linear Algebra & Its Applications, 2006, 392(1):211-233.

[104] ZHOU P, LU C, FENG J, et al. Tensor low-rank representation for data recovery and clustering[J]. IEEE Transactions on Pattern Analysis and Machine Intelligence, 2021, 43(5):1718-1732.

[105] LIU, RISHENG, LIN, et al. Fixed-rank representation for unsupervised visual learning[C]//2012 IEEE Conference on Computer Vision and Pattern Recognition. Providence, Rhode Island, USA: IEEE, 2012: 598-605.

[106] WATERS A E, SANKARANARAYANAN A C, BARANIUK R G. Sparcs: Recovering low-rank and sparse matrices from compressive measurements[C]//Advances in Neural Information Processing Systems. GranadaES: Neural Information Processing Systems, 2011: 1089-1097.

[107] KOLDA T G, BADER B W. Tensor decompositions and applications[J]. Siam Review, 2009, 51(3):455-500.

[108] LIU J, MUSIALSKI P, WONKA P, et al. Tensor completion for estimating missing values in visual data[J]. IEEE Transactions on Pattern Analysis & Machine Intelligence, 2013, 35(1):208-220.

[109] HUANG B, MU C, GOLDFARB D, et al. Provable models for robust low-rank tensor completion[J]. Pacific Journal of Optimization, 2015, 11(2):339-364.

[110] ROMERA-PAREDES B, PONTIL M. A new convex relaxation for tensor completion [J]. Mathematics, 2013:2967-2975.

[111] LU C, FENG J, CHEN Y, et al. Tensor robust principal component analysis with a new tensor nuclear norm[J]. IEEE Transactions on Pattern Analysis and Machine Intelligence, 2018, 42(4):925-938.

[112] BOYD S, PARIKH N, CHU E, et al. Distributed optimization and statistical learning via the alternating direction method of multipliers[J]. Foundations & Trends in Machine Learning, 2010, 3(1):1-122.

[113] HESTENES M R. Multiplier and gradient methods[J]. Journal of Optimization Theory & Applications, 1969, 4(5):303-320.

[114] 邵文泽, 韦志辉. 基于结构张量图像建模方法的滤波性能研究[J]. 电子学报, 2011, 39(7):1556-1562.

[115] CANDES E, RECHT B. Exact matrix completion via convex optimization[J]. Communications of the Acm, 2012, 55(6):111.

[116] ZHANG D, HU Y, YE J, et al. Matrix completion by truncated nuclear norm regularization[C]//2012 IEEE Conference on Computer Vision and Pattern Recognition. [S.l.: s.n.], 2012: 2192-2199.

[117] OH T, KIM H, TAI Y, et al. Partial sum minimization of singular values in rpca for low-level vision[C]//2013 IEEE International Conference on Computer Vision. [S.l.: s.n.], 2013: 145-152.

[118] LU C, TANG J, YAN S, et al. Generalized nonconvex nonsmooth low-rank minimization[C]//2014 IEEE Conference on Computer Vision and Pattern Recognition. [S.l.: s.n.], 2014: 4130-4137.

[119] LU C Y. Tensor-tensor product toolbox[J]. Mathematical Software, 2018, 2(9):1-3.

[120] BECK A, TEBOULLE M. A fast iterative shrinkage-thresholding algorithm for linear inverse problems[J]. Siam J Imaging Sciences, 2009, 2(1):183-202.

[121] SALMON J, STROZECKI Y. Patch reprojections for non-local methods[J]. Signal Processing, 2012, 92(2):477-489.

[122] XIE Y, QU Y, TAO D, et al. Hyperspectral image restoration via iteratively regularized weighted schatten p-norm minimization[J]. IEEE Transactions on Geoscience and Remote Sensing, 2016, 54(8):4642-4659.

[123] NIE F, HUANG H, DING C. Low-rank matrix recovery via efficient schatten p-norm minimization[C]//Proceedings of the Twenty-Sixth AAAI conference on artificial intelligence and the Twenty-Fourth innovative applications of artificial intelligence conference. Toronto(CA): AAAI Press, 2012: 655-661.

[124] LIU L, HUANG W, CHEN D R. Exact minimum rank approximation via schatten p-norm minimization[J]. Journal of Computational and Applied Mathematics, 2014, 267:218-227.

[125] XIE Y, GU S, LIU Y, et al. Weighted schatten p-norm minimization for image denoising and background subtraction[J]. IEEE Transactions on Image Processing, 2016, 25(10):4842-4857.

[126] SUN Y, YANG J, LONG Y, et al. Infrared patch-tensor model with weighted tensor nuclear norm for small target detection in a single frame[J]. IEEE Access, 2018, 6: 76140-76152.

[127] OLIVEIRA J P, BIOUCAS-DIAS J M, FIGUEIREDO M A. Adaptive total variation image deblurring: A majorization-minimization approach[J]. Signal Processing, 2009, 89(9):1683-1693.

[128] CHAN T F, WONG C K. Total variation blind deconvolution[J]. IEEE Transactions on Image Processing A Publication of the IEEE Signal Processing Society, 1998, 7(3):370-375.

[129] WEN Y, NG M K, HUANG Y. Efficient total variation minimization methods for color image restoration[J]. IEEE Transactions on Image Processing, 2008, 17(11): 2081-2088.

[130] CHEN D, CHENG L. Spatially adapted total variation model to remove multiplicative noise[J]. IEEE Transactions on Image Processing, 2012, 21(4):1650-1662.

[131] FEI X, WEI Z, XIAO L. Iterative directional total variation refinement for compressive sensing image reconstruction[J]. IEEE Signal Processing Letters, 2013, 20(11): 1070-1073.

[132] HOLT K M. Total nuclear variation and jacobian extensions of total variation for vector fields[J]. IEEE Transactions on Image Processing, 2014, 23(9):3975-3989.

[133] BECK A, TEBOULLE M. Fast gradient-based algorithms for constrained total variation image denoising and deblurring problems[J]. IEEE Transactions on Image Processing, 2009, 18(11): 2419-2434.

[134] YAO W, PENG J, QIAN Z, et al. Hyperspectral image restoration via total variation regularized low-rank tensor decomposition[J]. IEEE Journal of Selected Topics in Applied Earth Observations & Remote Sensing, 2018, 11(4):1227-1243.

[135] LU C, FENG J, YAN S, et al. A unified alternating direction method of multipliers by majorization minimization[J]. IEEE Transactions on Pattern Analysis & Machine Intelligence, 2018, 40(3):527-541.

[136] WANG X, PENG Z, MEMBER, et al. Infrared dim and small target detection based on stable multisubspace learning in heterogeneous scene[J]. IEEE Transactions on Geoscience & Remote Sensing, 2017, 55(10):5481-5493.

[137] LIU G, LIN Z, YONG Y. Robust subspace segmentation by low-rank representation [C]//International Conference on Machine Learning. [S.l.: s.n.], 2010: 663-670.

[138] KANADE T, COSTEIRA J P. A multibody factorization method for independently

moving objects[J]. International Journal of Computer Vision, 1998, 29(3):159-179.

[139] BASRI R, JACOBS D W. Lambertian reflectance and linear subspaces[J]. IEEE Transactions on Pattern Analysis & Machine Intelligence, 2003, 25(2):218-233.

[140] HASTIE T, SIMARD P Y. Metrics and models for handwritten character recognition [J]. Statistical Science, 2000, 13(1):203-219.

[141] LU C, TANG J, YAN S, et al. Nonconvex nonsmooth low rank minimization via iteratively reweighted nuclear norm[J]. IEEE Transactions on Image Processing, 2016, 25(2):829-839.

[142] YAN S, XU D, ZHANG B, et al. Graph embedding and extensions: A general framework for dimensionality reduction[J]. IEEE Transactions on Pattern Analysis and Machine Intelligence, 2007, 29(1):40-51.

[143] LI S, FU Y. Learning robust and discriminative subspace with low-rank constraints [J]. IEEE Transactions on Neural Networks and Learning Systems, 2016, 27(11):2160-2173.

[144] DESAI M N, MANGOUBI R S. Robust subspace learning and detection in laplacian noise and interference[J]. IEEE Transactions on Signal Processing, 2007, 55(7):3585-3595.

[145] LUO C, NI B, YAN S, et al. Image classification by selective regularized subspace learning[J]. IEEE Transactions on Multimedia, 2016, 18(1):40-50.

[146] VASWANI N, BOUWMANS T, JAVED S, et al. Robust subspace learning: Robust pca, robust subspace tracking, and robust subspace recovery[J]. IEEE Signal Processing Magazine, 2018, 35(4):32-55.

[147] XU Y, FANG X, WU J, et al. Discriminative transfer subspace learning via low-rank and sparse representation[J]. IEEE Transactions on Image Processing, 2016, 25(2):850-863.

[148] LI Z, LIU J, TANG J, et al. Robust structured subspace learning for data representation[J]. IEEE Transactions on Pattern Analysis and Machine Intelligence, 2015, 37(10):2085-2098.

[149] SUI Y, ZHANG S, ZHANG L. Robust visual tracking via sparsity-induced subspace learning[J]. IEEE Transactions on Image Processing, 2015, 24(12):4686-4700.

[150] LI B, LU H, ZHANG Y, et al. Subspace clustering under complex noise[J]. IEEE Transactions on Circuits and Systems for Video Technology, 2019, 29(4):930-940.

[151] BRADLEY P S, MANGASARIAN O L. K-plane clustering[J]. Journal of Global Optimization, 2000, 16(1):23-32.

[152] TSENG P. Nearest q-flat to m points[J]. Journal of Optimization Theory & Applications, 1999, 105(1):249-252.

[153] KANADE T, COSTEIRA J P. A multibody factorization method for independently moving objects[J]. International Journal of Computer Vision, 1998, 29(3):159-179.

[154] GEAR C W. Multibody grouping from motion images[J]. International Journal of Computer Vision, 1998, 29(2):133-150.

[155] VIDAL R, MA Y, SASTRY S. Generalized principal component analysis (gpca)

[J]. IEEE Transactions on Pattern Analysis and Machine Intelligence, 2005, 27(12): 1945-1959.

[156] LU C Y, FENG J S, CHEN Y D, et al. Tensor robust principal component analysis: Exact recovery of corrupted low-rank tensors via convex optimization[C]//Las Vegas: [s.n.], 2016: 5249-5257.

[157] CHEN Y, CAO X, ZHAO Q, et al. Denoising hyperspectral image with non-i.i.d. noise structure[J]. IEEE Transactions on Cybernetics, 2018, 48(3):1054-1066.

[158] LIU D, CAO L, LI Z, et al. Infrared small target detection based on flux density and direction diversity in gradient vector field[J]. IEEE Journal of Selected Topics in Applied Earth Observations and Remote Sensing, 2018, 11(7):2528-2554.

[159] BABACAN S D, LUESSI M, MOLINA R, et al. Sparse bayesian methods for low-rank matrix estimation[J]. IEEE Transactions on Signal Processing, 2012, 60(8):3964-3977.

[160] BISHOP C M, NASRABADI N M. Pattern recognition and machine learning[M]. New York: Academic Press, 2006: 049901.

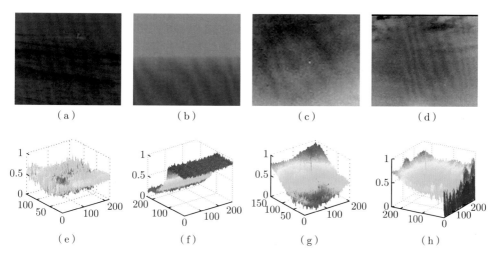

图 2.1 典型平滑场景示意图及三维图像

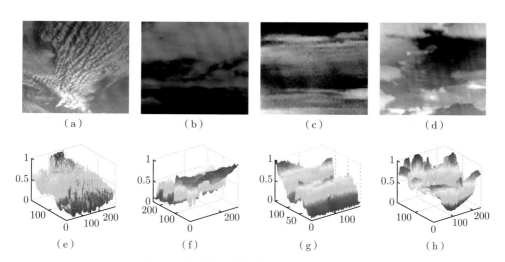

图 2.2 典型非平滑场景示意图及三维图像

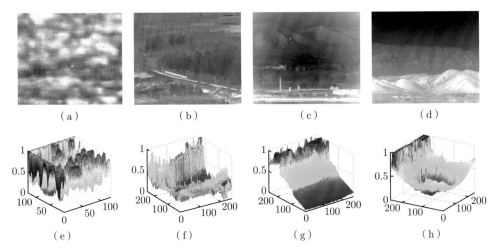

图 2.3 典型高亮杂波干扰场景示意图及三维图像

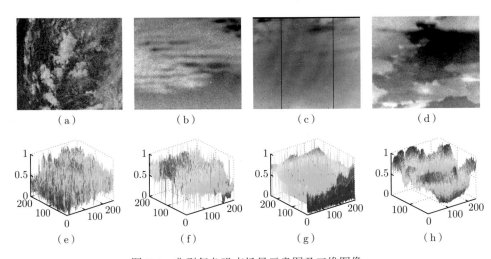

图 2.4 典型复杂噪声场景示意图及三维图像

图 2.12 RPCA 分解示意图

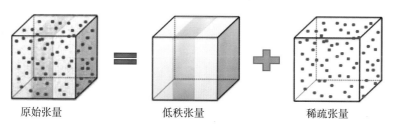

图 2.13 张量 RPCA 分解示意图

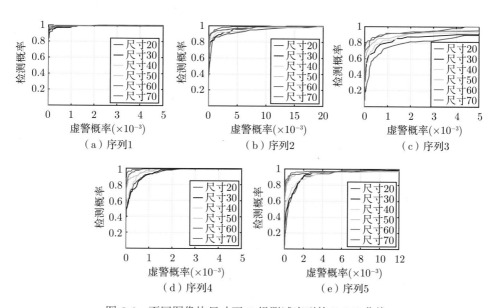

图 3.6 不同图像块尺寸下 5 组测试序列的 ROC 曲线

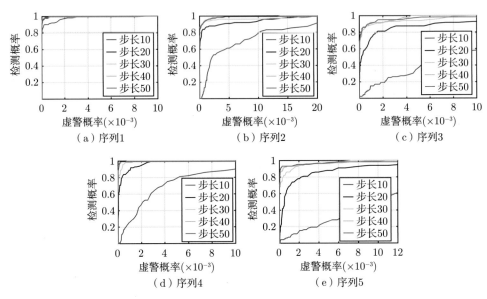

图 3.7 不同滑动步长下 5 组测试序列的 ROC 曲线

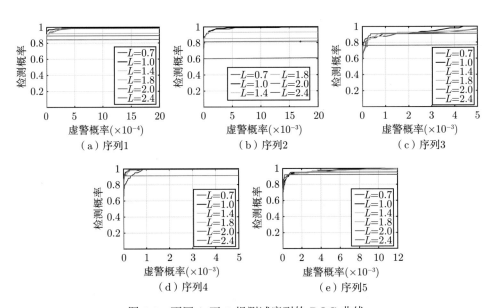

图 3.8 不同 λ 下 5 组测试序列的 ROC 曲线

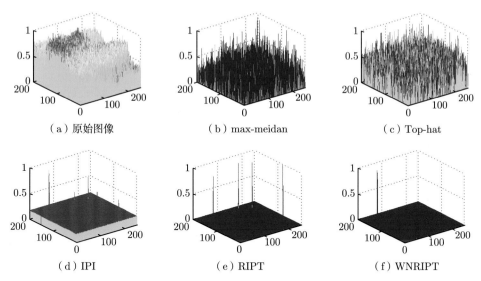

图 3.10 序列 3 的三维图像对比示意图

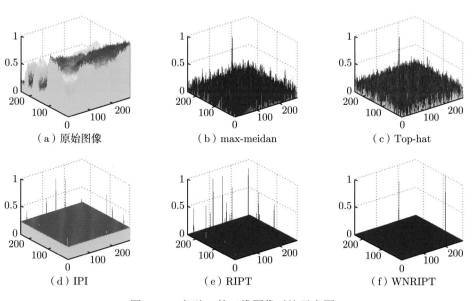

图 3.11 序列 5 的三维图像对比示意图

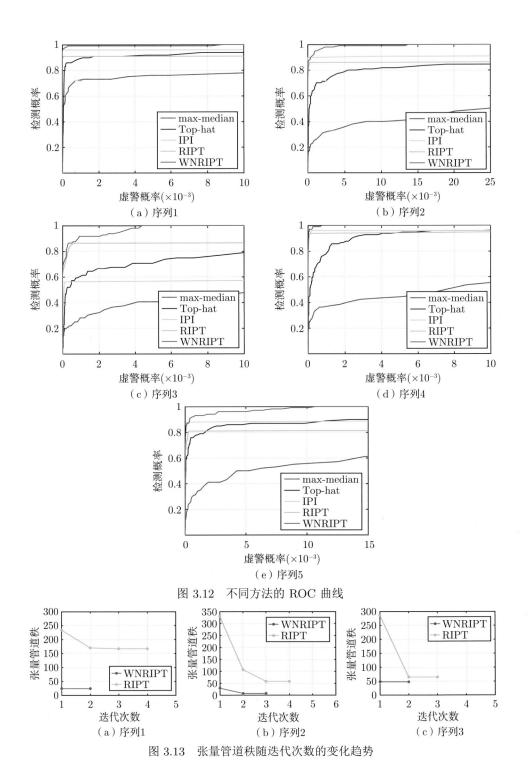

图 3.12 不同方法的 ROC 曲线

图 3.13 张量管道秩随迭代次数的变化趋势

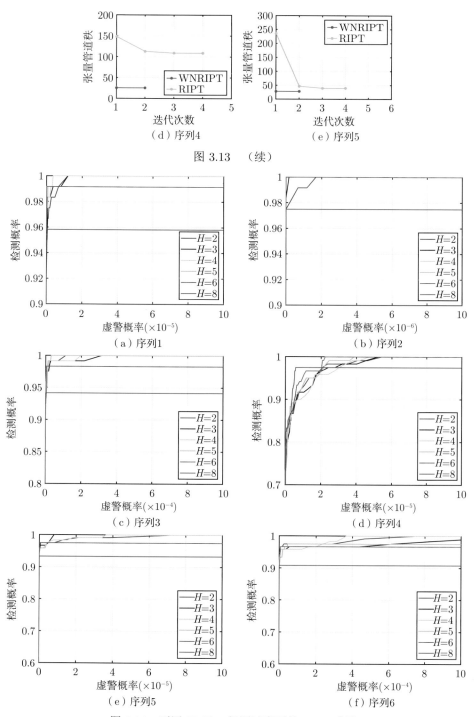

图 3.13 （续）

图 3.16 不同 H 下 6 组测试序列的 ROC 曲线

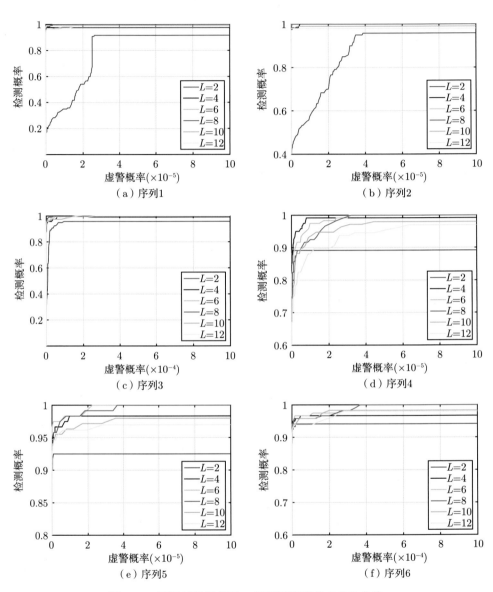

图 3.17 不同帧数步长下 6 组测试序列的 ROC 曲线

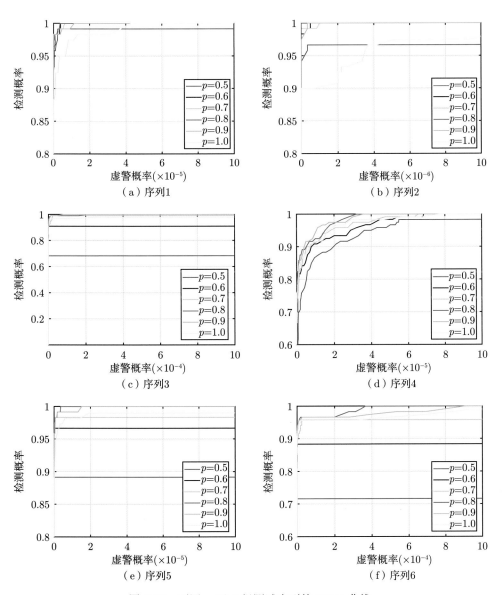

图 3.18 不同 p 下 6 组测试序列的 ROC 曲线

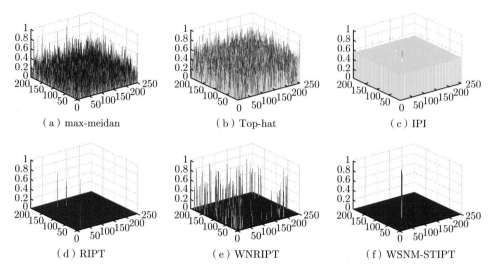

图 3.20 序列 4 的三维图像对比示意图

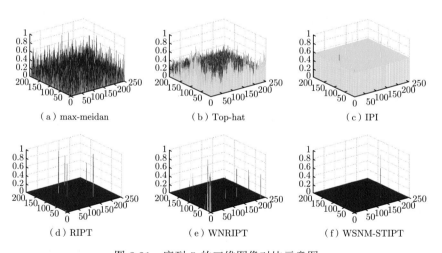

图 3.21 序列 5 的三维图像对比示意图

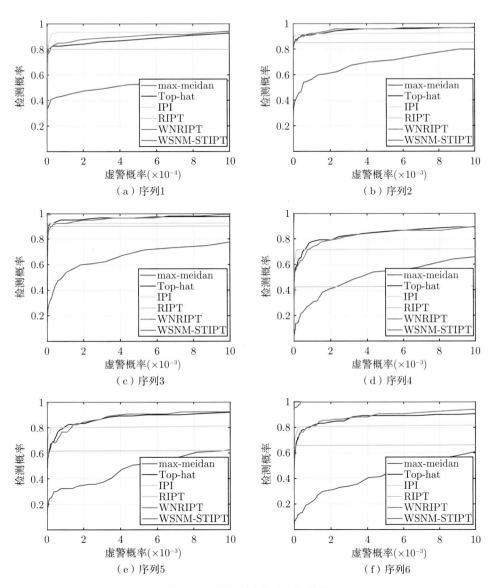

图 3.22　不同方法的 ROC 曲线

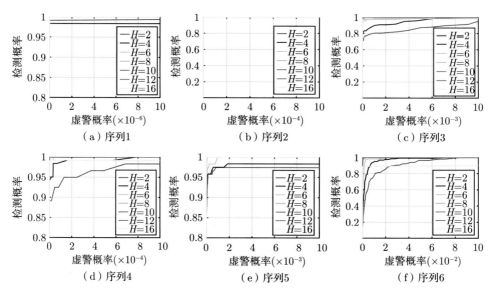

图 4.3 不同 H 下 6 组测试序列的 ROC 曲线

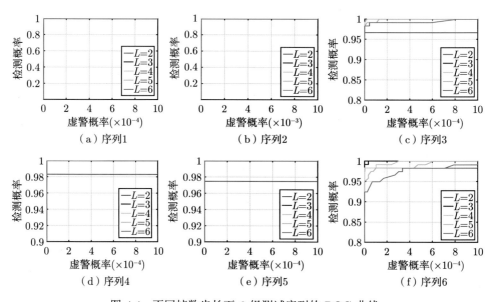

图 4.4 不同帧数步长下 6 组测试序列的 ROC 曲线

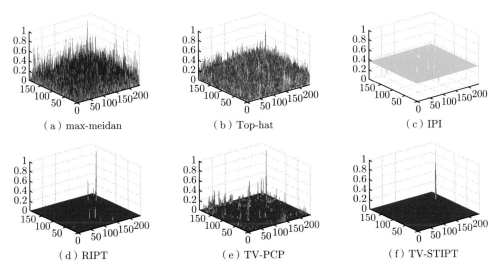

图 4.6 序列 3 的三维图像对比示意图

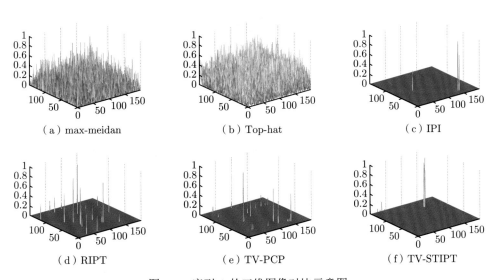

图 4.7 序列 6 的三维图像对比示意图

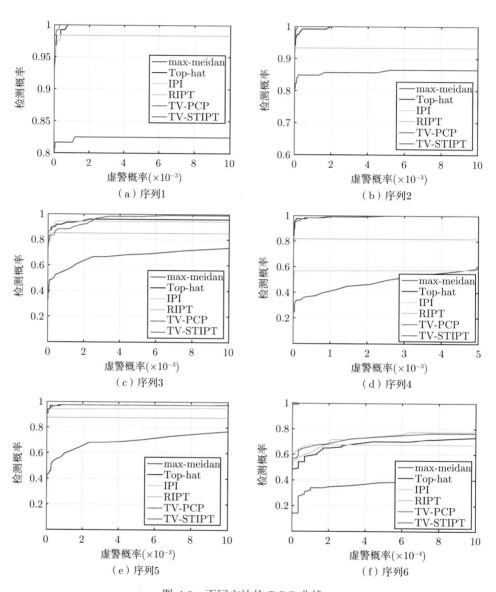

图 4.8 不同方法的 ROC 曲线

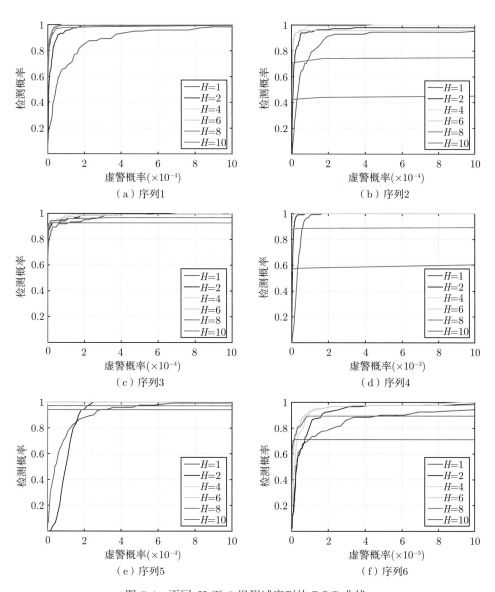

图 5.4 不同 H 下 6 组测试序列的 ROC 曲线

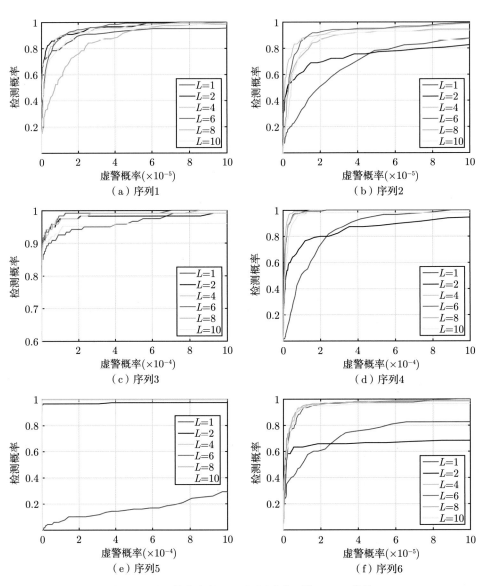

图 5.5 不同帧数步长下 6 组测试序列的 ROC 曲线

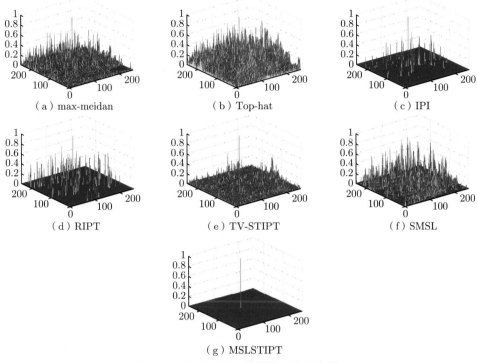

图 5.7 序列 3 的三维图像对比示意图

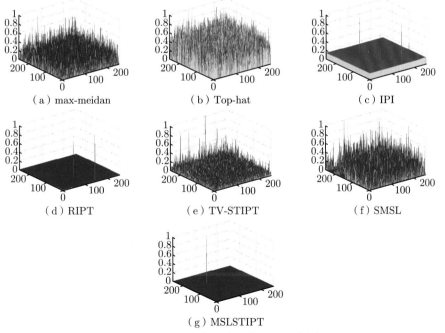

图 5.8 序列 6 的三维图像对比示意图

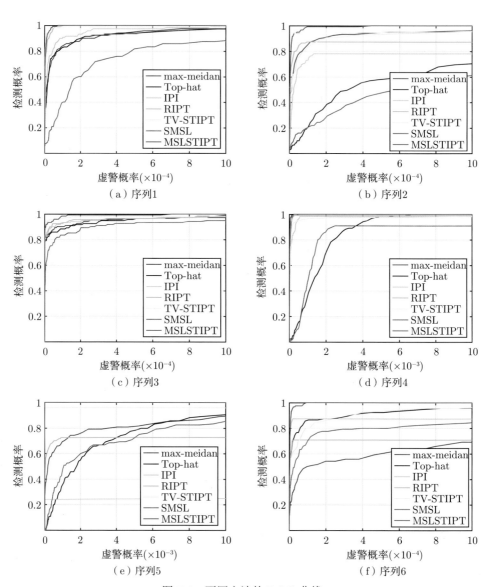

图 5.9 不同方法的 ROC 曲线

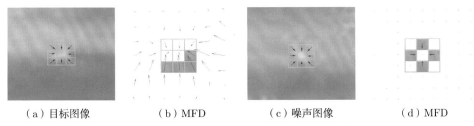

(a) 目标图像　　(b) MFD　　(c) 噪声图像　　(d) MFD

图 6.3　目标区域和噪声区域的通量密度图

(a) 和 (c) 分别为目标和噪声区域通量密度计算的边界和标准向量；(b) 和 (d) 分别为目标和噪声区域改进通量密度值，其中目标为 24.38，噪声为 -0.29，尺度 $s = 1$

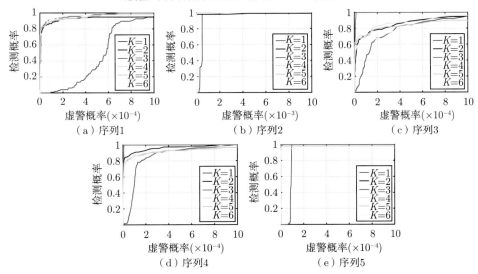

图 6.5　不同 K 下 5 组测试序列的 ROC 曲线

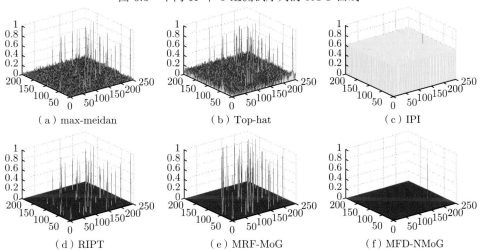

图 6.9　序列 3 的三维图像对比示意图

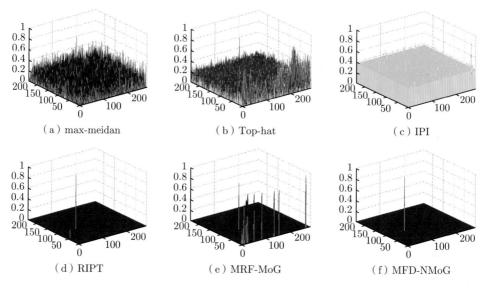

图 6.10 序列 4 的三维图像对比示意图

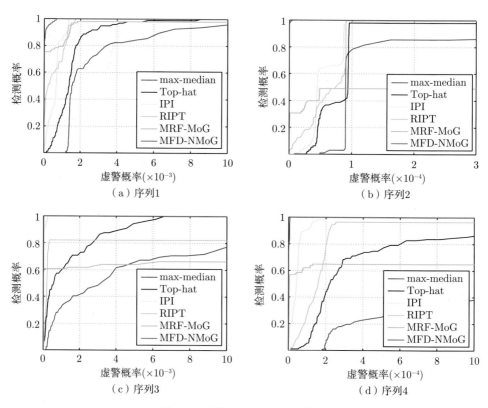

图 6.11 不同方法的 ROC 曲线

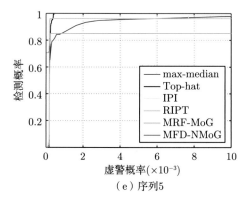

(e)序列5

图 6.11 （续）